"十四五"职业教育国家规划教材

Mastercam应用项目训练教程

（第三版）

MASTERCAM YINGYONG XIANGMU XUNLIAN JIAOCHENG

主　编　池保忠　郁　蔚

副主编　沈剑峰　彭建飞

中国教育出版传媒集团

高等教育出版社·北京

内容提要

本书是"十四五"职业教育国家规划教材,根据教育部最新发布的《高等职业学校专业教学标准》中对本课程的要求,并参照最新颁发的相关国家标准和职业技能等级考核标准修订而成。

本书分为二维图形数字化设计、三维曲面数字化设计、三维实体数字化设计、二维加工及三维加工 5 个项目,每个项目均包含若干任务,并设计有拓展训练、思考与练习和任务自我评价表。全书内容贴合企业生产实践,紧跟技术前沿,注重学生职业素质培养。

此外,结合课程学习特点,本书配套有丰富的数字学习资源,相关操作视频以二维码链接形式提供在相关内容旁,可扫描获取。

本书可作为高等职业院校工程技术类相关专业的教材,也可作为有关专业技术人员的参考用书。

图书在版编目(CIP)数据

Mastercam 应用项目训练教程 / 池保忠,郁蔚主编.
3 版. -- 北京 : 高等教育出版社, 2024. 9(2025. 7 重印). -- ISBN
978-7-04-062857-9

Ⅰ. TG659-39

中国国家版本馆 CIP 数据核字第 2024V7L471 号

策划编辑 张尕琳　责任编辑 张尕琳　班天允　封面设计 张文豪　责任印制 高忠富

出版发行	高等教育出版社	网　　址	http://www.hep.edu.cn	
社　　址	北京市西城区德外大街 4 号		http://www.hep.com.cn	
邮政编码	100120	网上订购	http://www.hepmall.com.cn	
印　　刷	上海叶大印务发展有限公司		http://www.hepmall.com	
开　　本	787 mm×1092 mm　1/16		http://www.hepmall.cn	
印　　张	19.5	版　　次	2014 年 8 月第 1 版	
字　　数	438 千字		2024 年 9 月第 3 版	
购书热线	010 - 58581118	印　　次	2025 年 7 月第 2 次印刷	
咨询电话	400 - 810 - 0598	定　　价	45.00 元	

配套学习资源及教学服务指南

 二维码链接资源

    本书配套微视频等学习资源，在书中以二维码链接形式呈现。手机扫描书中的二维码进行查看，随时随地获取学习内容，享受学习新体验。

打开书中附有二维码的页面   **扫描二维码**   **查看相应资源**

 教师教学资源索取

    本书配有课程相关的教学资源，例如，教学课件、应用案例等。选用教材的教师，可扫描以下二维码，关注微信公众号"高职智能制造教学研究"，点击"教学服务"中的"资源下载"，或电脑端访问地址（101.35.126.6），注册认证后下载相关资源。

    ★如您有任何问题，可加入工科类教学研究中心QQ群：240616551。

目　　录

本书二维码资源列表

页码	类型	名称	页码	类型	名称
178	微视频	绘制填充实体	239	微视频	"动态外形"命令
179	微视频	实体"布尔运算"命令	240	微视频	"全圆铣削"命令
179	微视频	"抽壳"命令	245	微视频	任务实施
180	微视频	实体"孔"和"倒圆角"命令	249	微视频	"区域粗切"命令
181	微视频	拓展训练	250	微视频	"水平"命令
183	微视频	思考与练习	251	微视频	"等距环绕"命令
186	微视频	坐标系设定	253	微视频	"等高"命令
187	微视频	毛坯设定	254	微视频	"清角"命令
192	微视频	"车端面"命令	260	微视频	任务实施
193	微视频	"粗车"命令	263	微视频	"挖槽"命令
196	微视频	"沟槽"命令	265	微视频	"混合"命令
198	微视频	"精车"命令	266	微视频	"传统等高"命令
200	微视频	"车螺纹"命令	271	微视频	任务实施
202	微视频	"毛坯翻转"命令	274	微视频	"平行"命令
216	微视频	任务实施	275	微视频	"环绕"命令
220	微视频	"面铣"命令	276	微视频	"投影"命令
222	微视频	"外形"命令	281	微视频	任务实施
225	微视频	"动态铣削"命令	283	微视频	"多曲面挖槽"命令
226	微视频	"钻孔"命令	288	微视频	任务实施
228	微视频	"螺旋铣孔"命令	291	微视频	"优化动态粗切"命令
234	微视频	任务实施	296	微视频	任务实施
237	微视频	"挖槽"命令			

前　言

本书是"十四五"职业教育国家规划教材。

本书以习近平新时代中国特色社会主义思想为指导,贯彻落实党的二十大精神,结合《关于深化现代职业教育体系建设改革的意见》《国家职业教育改革实施方案》,有效利用现代学徒制、企业学院、技能竞赛等教育前沿教学技能平台,对接最新职业标准、行业标准和岗位规范,体现 CAD/CAM 软件的快速更新,依据专业课程标准修订而成。

本书在编写过程中,突出了以下特色:

1. 注重素质教育,培养工匠精神。我国经济建设需要专业技术人才,需要大国工匠。本书通过精心的内容设计,让学生在探索中思考,在思考中顿悟,提升其创新思维能力、设计能力,培养工匠精神。

2. 服务产业发展,提升职业能力。近年来,我国机械制造业飞速发展,已经从关注产品质量转变为在质量基础上关注产品技术创新,"中国制造"向"优质制造""精品制造"迈进。本书选用了应用最为广泛的 CAD/CAM 软件 Mastercam,该软件具有产品设计与制造应用的强大功能,Mastercam 2020在"X"系列版本的基础上采用了全新技术,使设计更为高效,可以很好地服务制造产业,助力学生职业能力的提升。

3. 对接教学标准,符合职业教育体系要求。本书作为机械设计与制造专业核心课程的教材,严格按照《高等职业学校机械设计与制造专业教学标准》编写,着重培养学生"掌握机械典型零件数字化设计和数字化造型的方法",以及"熟练使用一种三维机械设计软件进行机械设备及其有关零件产品的数字化造型与设计"的能力。

4. 应用互联网资源,开展多维教学。本书利用当今高度发展的信息网络体系,配套了丰富的题库、图片、视频等网络资源,方便学生随时预习、学习、复习,提高学习效果,同时培养学生自主学习、探究学习,分析和解决问题的能力,使其养成终身学习的良好习惯。

5. 结合 CNC 技能考证,服务"1 + X 证书"试点工作。Mastercam 在 CNC 加工中被广泛应用,在我国的 CNC 技能考试中也涉及 CAD/CAM 软件应用。本书采用"理实一体"的教学理念,助力学生熟练掌握相关的知识和操作技能,服务"1+X证书"试点工作。

6. 典型任务,模块化教学。本书将典型任务进行模块化,图文并茂,结合视频、题库等网络资源,由简渐难,并按照"理实一体"的思路编写,充分体现"做中学、做中教"的职业教育教学特色,重视实践,强调学生的实践动手能力。

本书分为5个项目,包括二维绘图、创建三维曲面、创建三维实体、二维加工以及三维加工等内容,每个项目包括若干任务,并设计有拓展训练、思考与练习和任务评价表。修订后的教材内容更加贴合企业生产实践,紧跟技术前沿,培养学生职业素养,让学生学有所用。此外,通过任务学习与评价,融入了企业生产技术与理念,培养学生"尊重劳动、尊重知识、尊重人才、尊重创造"的职业思想,使学生建立学习自信心与创新思维。

本书由池保忠、郁蔚担任主编,沈剑峰、彭建飞担任副主编。

由于编者水平有限,书中疏漏与不足之处恳请读者批评指正。

编者

项目一

二维图形数字化设计

任务 1.1 麻花钻角度样板的数字化设计

◆ **任务目标**

通过本任务的学习,学会使用"线框"菜单中"绘点""绘线""圆弧"等基本绘图工具,学会使用"修剪"模块中"分割""图素倒圆角""修改长度"等基本绘图命令,并提高针对零件图形制订合理绘制步骤的能力。

◆ **任务引入**

根据要求,完成如图 1-1-1 所示麻花钻角度样板的绘制。

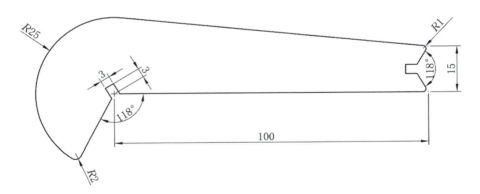

图 1-1-1

◆ **任务分析**

麻花钻角度样板的绘制步骤见表 1-1-1。

表 1-1-1　麻花钻角度样板的绘制步骤

1. 绘制 100 与 15 连续线	2. 绘制 R25 圆弧	3. 绘制 R25 切线
4. 绘制大边长 118°斜线及凹槽	5. 绘制小边长 118°及凹槽	6. 倒圆角
7. 绘制 R25 圆心点		

◆　**相关新知**

Mastercam 是美国 CNC Software Inc.公司开发的基于 PC 平台的 CAD/CAM 软件。它拥有方便直观的界面布局,提供了设计零件外形所需的理想环境,其强大稳定的造型功能可以设计出复杂的曲线、曲面零件。自 Mastercam 2017 版本以后,Mastercam 在 Windows 系统中的操作更加符合用户的操作习惯。

通过不断的更新迭代,Mastercam 的功能不断改进和完善。Mastercam 软件已被广泛地应用于通用机械、航空、船舶、军工等行业的设计与 NC 加工。20 世纪 80 年代末,我国就引进了 Mastercam 软件,该软件为我国制造业的迅速崛起发挥了重要作用。随着该软件的应用不断深入,很多高校和培训机构开设了各种形式的 Masrercam 课程。

本书以 Mastercam 2020 版本为基础,介绍该软件的主要功能和使用方法。

1. CAD 模块

CAD 模块主要进行二维和三维几何设计,包括:构建二维图形、创建三维曲面、创建实体造型、转换等。

2. CAM 模块

CAM 模块主要是对造型对象编制刀具路线,通过后处理转换成 NC 程序,包括铣床、车床、线切割和木雕 4 大部分。

本书主要对使用最多的 CAD 模块和 CAM 模块中的铣床部分进行介绍。

Mastercam 2020 中,不同模块生成不同类型的文件。主要包括:“.MCX”——CAD 模块文件;“.NCI”——CAM 模块的刀具路径文件;“.NC”——CAM 模块后处理产生的 NC 代码文件。Mastercam 2020 相较之前的版本,图形界面、图素选择、图素分析、刀路管理器、模型合并、文件夹及文件增强等都进行了良好的改动和优化,更加方便设计人员进行图形设计与验证。

1. 启动 Mastercam 2020

① 双击或右键打开桌面图标快捷启动。

② 在计算机开始菜单中"Mastercam 2020"菜单下单击图标 Mastercam 2020 启动。

③ 双击安装目录下的程序运行文件 Mastercam.exe 启动。

软件运行后，进入系统的默认主界面，便可以使用 Mastercam 2020 了。

2. 熟悉 Mastercam 2020 工作界面

Mastercam 2020 与 X 系列相比较在工作界面上进行了很大的调整，这些改动使 Mastercam 2020 能够进行更好的人机交互。Mastercam 2020 工作界面如图 1-1-2 所示，主要包括快捷访问栏、标题栏、菜单栏和工具条、管理框、绘图区、状态栏、条件工具栏及过滤筛选功能条。

微视频

界面介绍

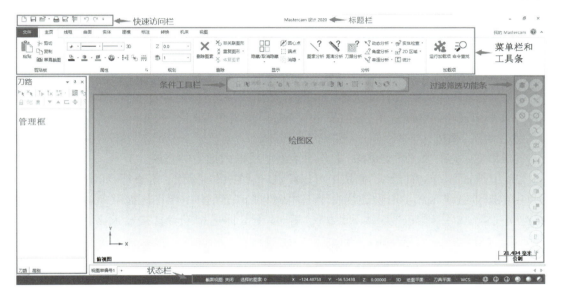

图 1-1-2

（1）快速访问栏

快速访问栏可以快速访问常用功能和命令，默认包含"新建""保存""打开""打印""另存为""压缩""撤销"命令，这些命令基本为下方菜单栏中"文件"菜单中的命令。

（2）菜单栏和工具条

菜单栏包括"文件""主页""线框""曲面""实体""建模""标注""转换""机床""视图"菜单。单击其中一个菜单栏选项，除了"文件"出现下拉式菜单，其余均以工具条形式呈现。所有的"绘图""刀具""仿真模拟"等命令均被整合在这里。

（3）管理框

单击菜单栏"视图"菜单，在工具条中点亮"管理"模块中的"刀路""实体""平面""层别"等命令，对应的管理框就会在该区域出现。"管理"模块如图 1-1-3 所示。可以通过管理框进行相应的刀路设置、设置实体参数、定义平面、修改和重定义图层管理。

图 1-1-3

（4）条件工具栏

条件工具栏可以准确选取定义位置，如"垂直""中心""串连""实体边界"等。该工具栏是 Mastercam 2020 为用户能够更快捷地选取图素，新增的界面交互系统。

（5）过滤筛选功能条

快速筛选绘图区域内相应图素，如"点""直线""圆弧"等。

（6）绘图区

绘图区是绘制和显示图形图素的界面。该区域除了绘制和显示图形外，在右下角显示当前的尺寸比例和单位，左下角显示当前视图的视角平面。

（7）状态栏

状态栏显示当前绘图模型状态，如：图素选择数量、坐标值、2D/3D 状态、绘图平面视角、刀具平面视角、WCS 视角、模型显示状态（线框、着色等）。

3. "绘线"模块

"绘线"模块在"线框"菜单中，主要用于绘制线框图形中的直线。

单击"线框"菜单，在"绘线"模块中可以绘制"连续线""平行线"等直线，如图 1-1-4 所示。例如：单击"连续线"命令，出现"连续线"管理框，如图 1-1-5 所示。绘图区提示 指点第一个端点 ，在连续线管理框中，修改"类型"和"方式"后，使用鼠标选择或者直接输入 X/Y 的坐标值来确定直线端点，完成后单击 ⊘ 确定。

微视频

"绘线"模块

图 1-1-4　　　　图 1-1-5

"绘线"模块可以绘制任意角度的直线。

4. "圆弧"模块

"圆弧"模块在"线框"菜单中,主要用于绘制线框图形中的圆及圆弧。

单击"线框"菜单,在"圆弧"模块中可以绘制圆或圆弧,如图 1-1-6 所示。例如:单击"已知点画圆"命令,出现"已知点画圆"管理框,如图 1-1-7 所示。绘图区提示 请输入圆心点 ,操作完成后单击 ✅ 确定。

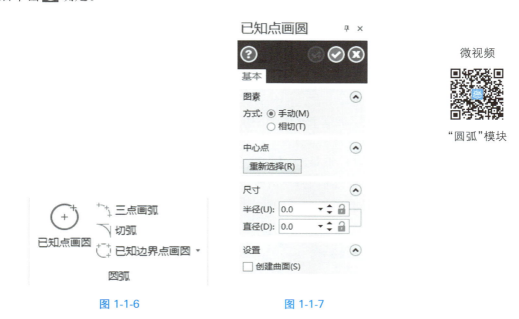

微视频

"圆弧"模块

图 1-1-6　　　　　　　　　　图 1-1-7

5. "修剪"模块

"修剪"模块在"线框"菜单中,主要用于完成对线框图形的修剪、分割等操作,可以改善图形缺陷或快捷完成某些特征的建立,例如倒圆角。在选择某一具体线框图素时,菜单栏会新增线框选项——工具,此时,"修剪"模块中的所有命令均会出现在"工具"菜单的对应模块中。

单击"线框"菜单,在"修剪"模块中可以进行线条修剪、打断、倒圆角等操作,如图 1-1-8 所示。例如:单击"修剪到图素"下方的下拉箭头,如图 1-1-9 所示。单击"修剪到图素"命令,出现"修剪到图素"管理框,如图 1-1-10 所示。修改"类型"和"方式",根据绘图区提示 选择图素去修剪或延伸 ,操作完成后单击 ✅ 确定。

管理框根据不同的修剪方式会有不同的选项和提示,本任务主要使用的命令为"修改长度""分割""倒圆角"。

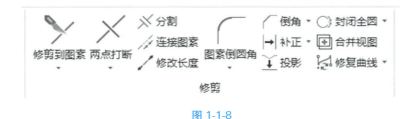

图 1-1-8

图 1-1-9　　　　　　　　图 1-1-10

微视频

"修改长度"
"分割""倒
圆角"命令

6."绘点"模块

"绘点"模块在"线框"菜单中。图形中的点一般作为绘制其他图形的辅助图素,主要用于 CAM 中孔加工的定位。

单击"线框"菜单,在"绘点"模块中可进行绘点操作,如图 1-1-11 所示。例如:单击"绘点"下方的下拉箭头,单击"小圆心点"命令,如图 1-1-12 所示,出现"小圆心点"管理框,如图 1-1-13 所示,根据提示选择圆或者圆弧,完成后单击 ⊘ 确定。

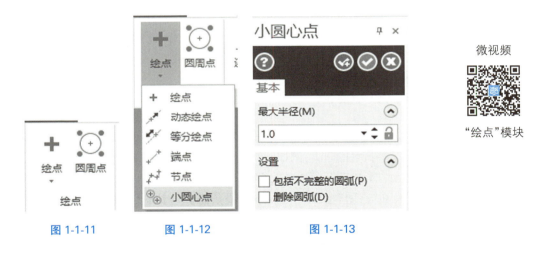

图 1-1-11　　　　　图 1-1-12　　　　　　图 1-1-13

微视频

"绘点"模块

◆ 任务实施

1. 新建文件

打开 Mastercam 2020,单击快捷访问栏中 🖫 按钮,根据提示将文件命名为"麻花钻角度样板",以默认保存类型 保存类型(T): Mastercam 文件 (*.mcam) 保存。此时状态栏默认为 3D、俯视图。

2. 绘制 100 与 15 连续线

① 单击"线框"菜单,单击"绘线"模块中"连续线"命令,设置管理框选项,如图 1-1-14 所示。
② 根据绘图区提示 指点第一个端点 ,输入坐标(0,0),按 Enter 键确定。

③ 提示 指定第二个端点 ，在"连续线"管理框中设置参数，如图 1-1-15 所示。

④ 在"连续线"管理框中设置参数，如图 1-1-16 所示。

⑤ 单击 ✅ 确定，如图 1-1-17 所示。

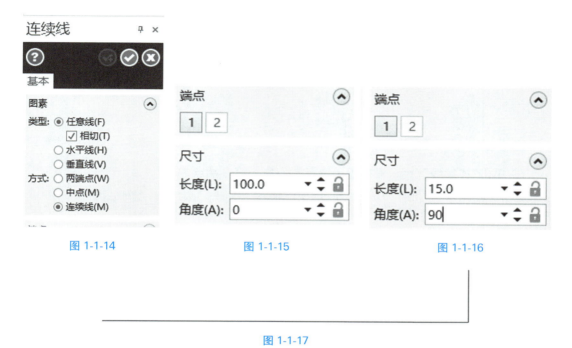

图 1-1-14　　　　　　　　　　图 1-1-15　　　　　　　　　图 1-1-16

图 1-1-17

3. 绘制 R25 圆弧

① 单击"圆弧"模块中"已知点画圆"命令，绘图区提示 请输入圆心点 ，单击连续线(0，0)设置端点。

② 在"已知点画圆"管理框中输入半径值为 25，如图 1-1-18 所示。

③ 单击 ✅ 确定，如图 1-1-19 所示。

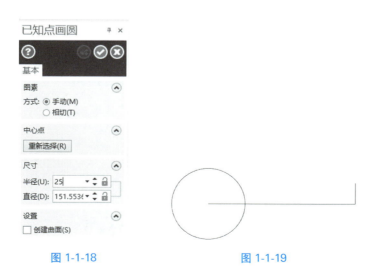

图 1-1-18　　　　　　　　图 1-1-19

4. 绘制 R25 切线

单击"连续线"命令,在"连续线"管理框的"类型"勾选 ☑相切(T) 选项,"方式"中选择 方式:◉两端点(W) ,单击 15 尺寸线上端点和 R25 圆上半部分,单击 ✅ 确定,如图 1-1-20 所示。

图 1-1-20

5. 绘制大边长 118°斜线及凹槽

① 单击"连续线"命令,根据提示选择圆心作为第一端点。

② 在"连续线"管理框中的"尺寸"选项内输入 长度(L): 25.0 角度(A): -118.0 ,按 Enter 键确定,单击 ✅ 确定,如图 1-1-21 所示。

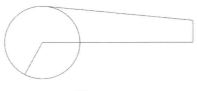

图 1-1-21

③ 单击"近距线"命令旁边的下拉箭头,选择"平分线"命令,如图 1-1-22 所示。

④ 根据提示 选择二条相切的线 可自动绘出对应的角平分线,单击确定,如图 1-1-23 所示。

⑤ 单击"平行线"命令,设置"平行线"管理框中补正距离和方向,如图 1-1-24 所示。

⑥ 单击确定,效果如图 1-1-25 所示。

⑦ 单击"修剪"模块中的"修改长度"命令 ✏修改长度 ,设置"修改长度"管理框中距离为 3,如图 1-1-26 所示,单击"两条补正线"命令,单击确定,如图 1-1-27 所示。

⑧ 单击"连续线"命令,将凹槽口封闭,如图 1-1-28 所示。

⑨ 单击"修剪"模块中"分割"命令 ✂分割 ,单击选择多余的线段,如图 1-1-29 所示。

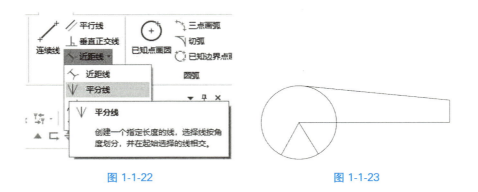

图 1-1-22　　　　　　　　　　　　　　　　　　　图 1-1-23

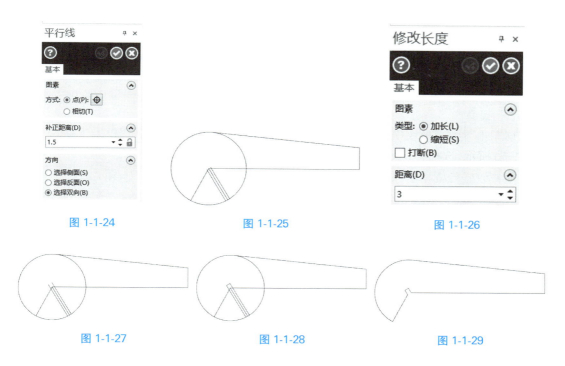

图 1-1-24　　　　　　　　图 1-1-25　　　　　　　　图 1-1-26

图 1-1-27　　　　　　　　图 1-1-28　　　　　　　　图 1-1-29

6. 绘制小边长 118°斜线及凹槽

① 单击"连续线"命令,单击条件工具栏中"光标"下拉菜单中的"中心"命令,如图 1-1-30 所示,绘制 15 线段中心线,按 Enter 键确定,如图 1-1-31 所示。

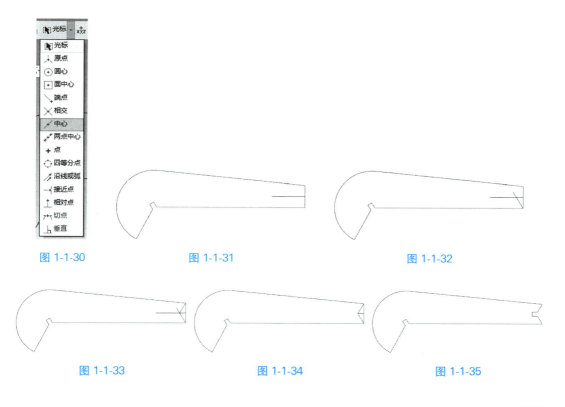

图 1-1-30　　　　　　　　图 1-1-31　　　　　　　　图 1-1-32

图 1-1-33　　　　　　　　图 1-1-34　　　　　　　　图 1-1-35

② 捕捉 15 线段下端点为第一端点,输入角度 角度(A): 180-59 ,按 Enter 键确定,如图 1-1-32 所示,继续使用"直线"命令完成直线绘制,如图 1-1-33 所示。

③ 使用"修剪"模块中的命令完成修剪,如图 1-1-34 所示。

④ 重复进行步骤 5③—⑨的操作,如图 1-1-35 所示。

7. 倒圆角

① 单击"修剪"模块中的"图素倒圆角"命令,设置"图素倒圆角"管理框中半径为 1,如图 1-1-36 所示,选择 $R1$ 位置直线,按 Enter 键确定,如图 1-1-37 所示。

② 修改管理框中半径为 2,完成倒圆角后单击 ⊘ 确定,如图 1-1-38 所示。

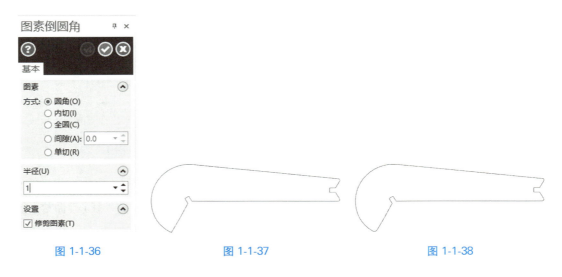

图 1-1-36　　　　　　　　　图 1-1-37　　　　　　　　　图 1-1-38

8. 绘制 $R25$ 圆心点

单击"绘点"模块选择下拉箭头,单击"小圆心点"命令,修改最大半径为 30(超过图素中 $R25$ 即可),如图 1-1-39 所示。选择 $R25$ 圆弧,完成后单击 ⊘ 确定,如图 1-1-40 所示,单击 💾 按钮,完成麻花钻角度样板的图形绘制。

微视频

任务实施

图 1-1-39　　　　　　　　　图 1-1-40

◆ **拓展训练**

尝试给麻花钻角度样板画上刻度标线,如图 1-1-41 所示,最小刻度值为 1 mm。

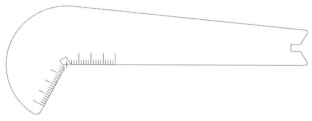

图 1-1-41

微视频

拓展训练

◆ **思考与练习**

1. 完成吊钩绘制,如图 1-1-42 所示。

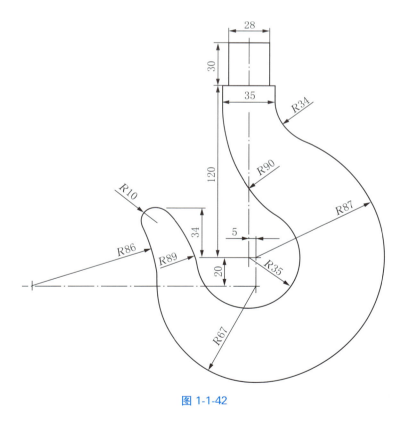

图 1-1-42

微视频

思考与练习
(一)

2. 完成导杆固定架绘制,如图 1-1-43 所示。

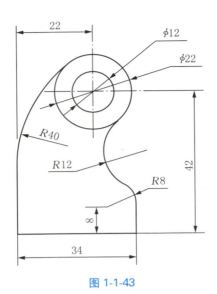

微视频

思考与练习
（二）

图 1-1-43

◆ **任务评价**

表 1-1-2 任务自我评价表

任务名称：				班级：			姓名：		
序号	评价项目	评价要求	设计参数	实际参数	完成度	是否完成	备注		是否需要帮助
1	识图	准确识别图素					识别图素数量与图形图素一致为完成		
2	绘图步骤设计	设计步骤与实际步骤是否一致	设计步骤（ ）	实际步骤（ ）			一致为完成		
3	用时	规定用时（ ）	计划用时（ ）	实际用时（ ）			实际用时在规定用时内为完成		
4	图形准确性	图形尺寸检查		与原图一致性			对比标注数据，完全正确为完成		
5	合作与沟通	是否独立完成	是		否		完成所有描述，则完成该项		
			独立完成部分描述						
		是否讨论							
			讨论参与人员						
自我评价（100字以内，描述学习到的新知与技能，需要提升或获得的帮助）：									
是否完成判定：									
								日期：	

任务 1.2　减速器传动轴的数字化设计

◆ **任务目标**

通过本任务的学习,学会使用"线框"菜单"形状"模块中的"矩形"命令和"修剪"模块中的"修剪到图素""链接图素""倒角""补正"命令,学会使用"主页"菜单"删除"模块中的"删除图素""非关联图形"命令,"转换"菜单"位置"模块中的"镜像"等基本绘图命令,并提高针对零件图形制订合理绘制步骤的能力。

◆ **任务引入**

根据要求,完成如图 1-2-1 所示减速器传动轴的绘制。

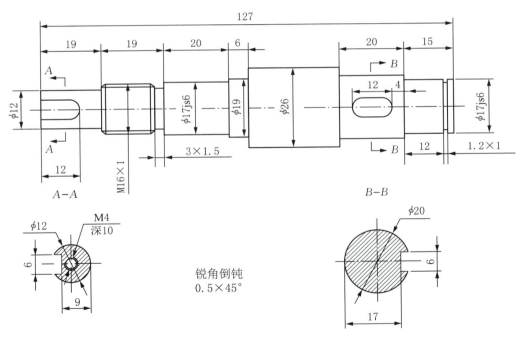

图 1-2-1

◆ **任务分析**

减速器传动轴的绘制步骤见表 1-2-1。

表 1-2-1　减速器传动轴的绘制步骤

1. 绘制台阶轴	2. 绘制退刀槽、卡簧槽	3. 绘制 M16×1 螺纹
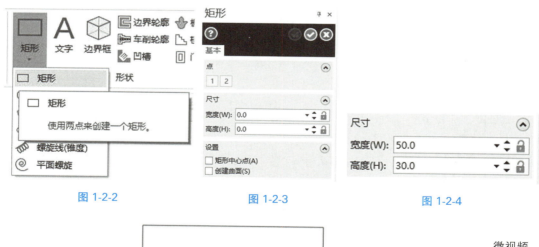		
4. 绘制轴心线、键槽		

◆ **相关新知**

1. "矩形"命令

"矩形"命令在"线框"菜单"形状"模块中，可以绘制矩形、圆角矩形、多边形、椭圆、螺旋线、平面螺旋。本任务主要介绍矩形和圆角矩形的绘制。

单击"线框"菜单，在"矩形"模块中可以绘制"矩形""圆角矩形"等图形，如图 1-2-2 所示。例如：单击"矩形"下拉箭头，单击"矩形"命令，出现"矩形"管理框，如图 1-2-3 所示。绘图区提示 为第一个角选择一个新位置。 ，输入坐标值或左键单击选取，提示 为第二个角选择一个新位置。 ，单击选取或在"矩形"管理对话框中输入"高度"和"宽度"数据，如图 1-2-4 所示。单击 ⊙ 确定，得到一个矩形，如图 1-2-5 所示。

图 1-2-2　　　　　　　图 1-2-3　　　　　　　图 1-2-4

图 1-2-5

微视频

绘制矩形和
圆角矩形

2."修剪"模块

本任务主要使用的是"修剪"模块中的"修剪到图素""链接图素""倒角""补正"命令。例如:对图 1-2-5 进行倒角,要求所有直角倒角 5×45°。单击"倒角"的下拉箭头,单击"串连倒角"命令,如图 1-2-6 所示。出现"串连倒角"管理框,如图 1-2-7 所示,并弹出"线框串连"对话框,如图 1-2-8 所示。绘图区提示 选择串连 1,单击"线框串连"对话框中窗选图标 □,使用鼠标左键框选矩形图素并单击鼠标确定,提示 输入草图起始点,单击自定义的矩形图素起点,如图 1-2-9 所示。提示 选择串连 2,此时已经完成串连图素选择,直接单击"线框串连"对话框 ☑ 确定,完成串连。提示 调整数值,按 确定 或按 应用 或更改串连方向,修改"串连倒角"管理框中的相关参数,如图 1-2-10 所示。单击 ☑ 确定,得到倒角后的矩形,如图 1-2-11 所示。

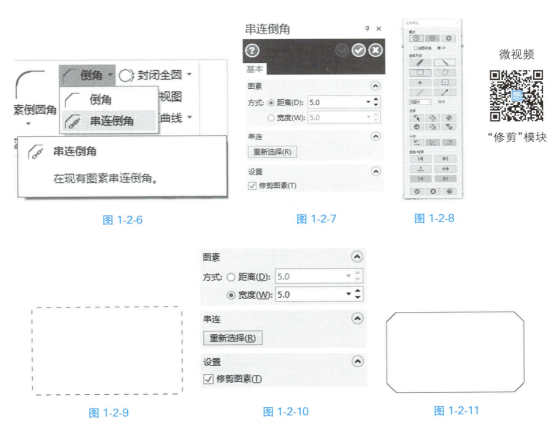

微视频

"修剪"模块

图 1-2-6   图 1-2-7   图 1-2-8

图 1-2-9   图 1-2-10   图 1-2-11

3."属性"模块

"属性"模块在"主页"菜单中,主要功能是设定和修改图素属性,包括:型式(点型、线型)、2D/3D 状态、颜色(线框、曲面、实体)、材料(金属、塑料、玻璃)、图层等。属性管理可以按照国家标准进行线型设定,使图形能够一目了然,快速获取图形信息;也可以根据厂标设定,快速选取或区分图素属性,例如线框、曲面、实体的区分。

单击"主页"菜单,在"属性"模块中有"点型""线型""线宽"等图素属性设置命令。例如:要在如图 1-2-11 所示的 X 方向绘制一条中心线,单击"属性"模块中"线型"的下拉箭头,选择"中心线"(点画线)命令,如图 1-2-12 所示。线型固定为点画线 3D;单击"线框"绘制直线,确定完成,如图 1-2-13 所示。

注:"属性"模块中的设置在进行下一次设置前,对所有绘制图素有效。例如,下一步要绘制实线线条,需要将属性中线型重新固定为实线 3D。

微视频

属性设置

图 1-2-12　　　图 1-2-13　　　图 1-2-14

微视频

"删除"模块

4."删除"模块

"删除"模块在"主页"菜单中,可以删除不需要的图素、非关联图素和重复图素,也可以用于恢复图素。Mastercam 2020 中新增的条件工具栏可以快速选择对应图素,结合"删除"模块,使相关命令更加快捷、方便。

单击"主页"菜单,在"删除"模块中有"删除图素""非关联图形""重复图形""恢复图素"四大功能,主要用于图素的删除及恢复功能,如图 1-2-14 所示。单一图素的删除也可以选中图素后,按 Delete 键直接删除。

5."镜像"命令

"镜像"命令在"转换"菜单"位置"模块中,选择某一图素时,会出现在该图素的"工具"菜单"位置"模块中。"镜像"命令对于对称的线框图、曲面、实体而言,是一个常用命令。

单击"转换"菜单,出现"镜像""旋转"等命令,如图 1-2-15 所示。若将图 1-2-13 所示的图形以底边为对称线进行镜像,可单击"镜像"命令,出现"镜像"管理框,如图 1-2-16 所示。绘图区提示 选择图素 ,选中需要镜像的图素,如图 1-2-17 所示。单击绘图区按钮 结束选择 。单击"镜像"管理框中"轴"的下拉箭头,显示镜像轴线为 X 轴,如图 1-2-18 所示。因为底边边线重合,无须更改,单击 确定,得到镜像后的图形,如图 1-2-19 所示。

微视频

"镜像"命令

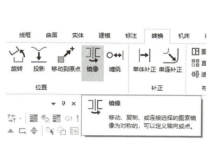

图 1-2-15　　　　　　　　图 1-2-16

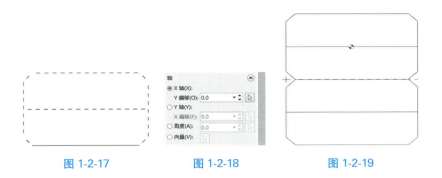

图 1-2-17　　　　　　图 1-2-18　　　　　　图 1-2-19

◆　**任务实施**

1. 新建文件

打开 Mastercam 2020，单击快捷访问栏中 ▢ 按钮，根据提示命名为"减速器传动轴"，以默认方式 保存类型(T)：Mastercam 文件 (*.mcam) 保存。此时状态栏默认为 3D、俯视图。

2. 绘制台阶轴

① 单击"线框"菜单"矩形"命令下拉箭头，单击"圆角矩形"命令，如图 1-2-20 所示。

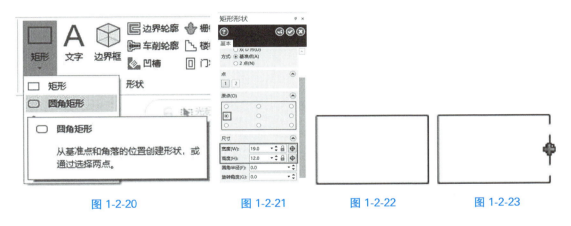

图 1-2-20　　　　　　图 1-2-21　　　　　　图 1-2-22　　　　　　图 1-2-23

② 根据绘图区提示 选择基准点。，输入坐标(0，0)，按 Enter 键确定。

③ 提示 输入宽度和高度或选择角的位置。，在"矩形形状"管理框设置"原点"和"尺寸"，如图 1-2-21 所示，单击 ◉ 确定，如图 1-2-22 所示。

④ 提示 选择基准点。，单击矩形右侧线的中点，如图 1-2-23 所示。

⑤ 提示 输入宽度和高度或选择角的位置。，在"矩形形状"管理框设置"尺寸"，如图 1-2-24 所示，其他参数不变，单击 ◉ 确定，如图 1-2-25 所示。

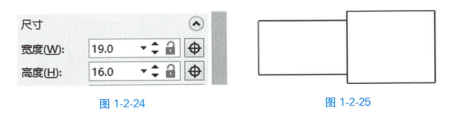

图 1-2-24　　　　　　　　　　图 1-2-25

⑥ 根据提示重复绘制矩形。"宽度""高度"数据根据图纸依次为（20，17）（6，19）（28，26）（20，20）（15，17），单击 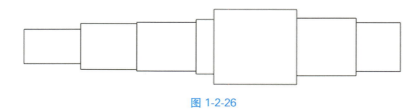 确定，如图 1-2-26 所示。

图 1-2-26

⑦ 滚动鼠标滚轮局部放大左侧的矩形，使用鼠标左键框选矩形侧边重叠直线，如图 1-2-27 所示，单击"主页"菜单"修剪"模块中的"删除图素"命令。

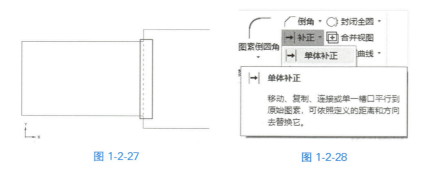

图 1-2-27　　　　　　　　　　　图 1-2-28

⑧ 重复步骤⑦的操作，删除矩形侧边重叠直线，保留长边。

3. 绘制退刀槽、卡簧槽

① 单击"线框"菜单"修剪"模块中"补正"命令下拉菜单中的"单体补正"命令，如图 1-2-28 所示。

② 绘图区提示 选择补正、线、圆弧、曲线或曲面曲线。 ，选择 3×1.5 位置矩形右侧边，提示 指示补正方向。 ，如图 1-2-29 所示。

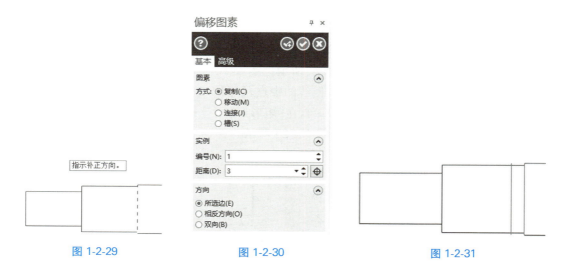

图 1-2-29　　　　　　图 1-2-30　　　　　　图 1-2-31

③ 根据图纸,单击补正线左侧,设置"偏移图素"管理框参数,如图 1-2-30 所示。

④ 单击 ⊚ 确定,如图 1-2-31 所示。

⑤ 重复步骤②—④的操作,完成 3×1.5 和 1.2×1 图素绘制,如图 1-2-32 所示。

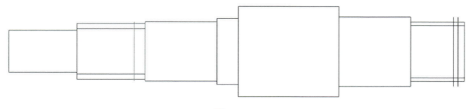

图 1-2-32

⑥ 单击"修剪"模块中"分割"命令,修整 3×1.5 和 1.2×1 图素,单击 ⊚ 确定,如图 1-2-33 所示。

图 1-2-33

4. 绘制 M16×1 螺纹

① 单击"修剪"模块中"倒角"命令,如图 1-2-34 所示。

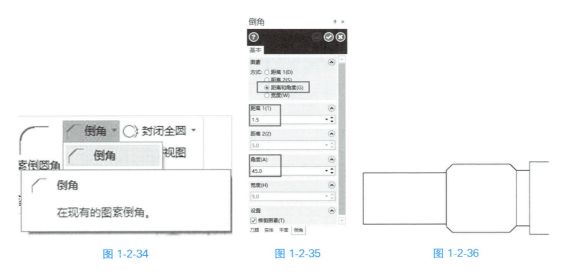

图 1-2-34   图 1-2-35   图 1-2-36

② 按图纸要求设置"倒角"管理框,如图 1-2-35 所示。

③ 根据绘图区提示 选择直线 ,完成 M16 螺纹倒角,如图 1-2-36 所示。

④ 单击"单体补正"命令,完成 M16 螺纹底径绘制,偏正距离设置为 1,如图 1-2-37

所示。

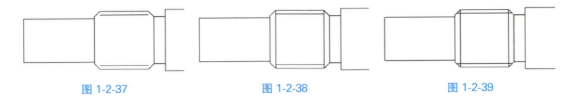

图 1-2-37   图 1-2-38   图 1-2-39

⑤ 单击"绘线"模块中的"连续线"命令,完成 M16 螺纹倒角补线,如图 1-2-38 所示。

⑥ 单击"修剪到图素"命令,完成螺纹底径线修整,如图 1-2-39 所示。

5. 绘制轴心线、键槽

① 单击"主页"菜单,选择线型为点画线 ［* ▾ ▏—·—·· ▾ ▏———］ 3D 。

② 单击"线框"菜单,单击"绘线"模块中的"连续线"命令绘制轴心线,如图 1-2-40 所示。

图 1-2-40

③ 单击"修剪"模块"补正"命令中的"单体补正"命令,绘制右侧键槽定位线,补正距离为 4,如图 1-2-41 所示。

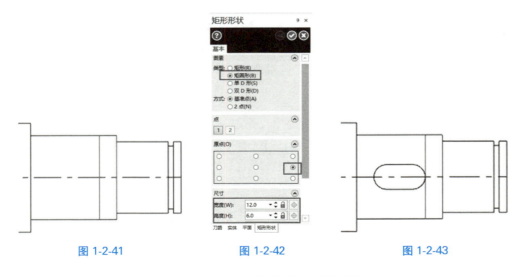

图 1-2-41   图 1-2-42   图 1-2-43

④ 单击"主页"菜单,选择线型为实线 ［* ▾ ▏—·—·· ▾ ▏———］ 3D 。单击"圆角矩形"命令,绘制右侧 12×6 圆头键槽,参数设置如图 1-2-42 所示,单击 ⊙ 确定,如图 1-2-43 所示。

⑤ 重新设定"圆角矩形"参数绘制左侧 12×6 单圆头键槽,参数设定更改原点位置,如图 1-2-44 所示,单击 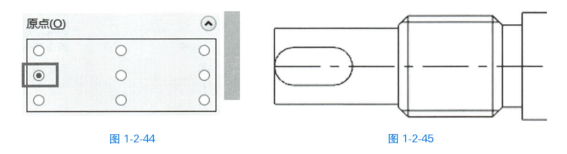 确定,如图 1-2-45 所示。

图 1-2-44   图 1-2-45

⑥ 删除多余线段,修剪单头键槽,修改中心线长度两端延长 3 mm,如图 1-2-46 所示。

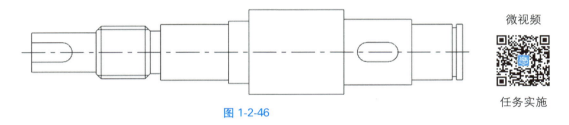

图 1-2-46

微视频

任务实施

◆ **拓展训练**

尝试使用"直线""镜像"命令绘制减速器的传动轴,并完成剖面轮廓和锐角倒钝 0.5×45°的绘制,如图 1-2-47 所示。

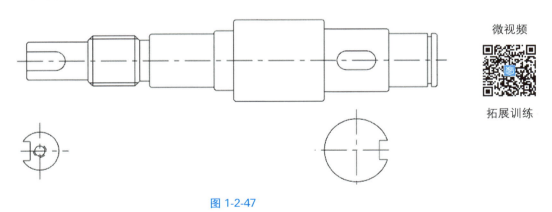

图 1-2-47

微视频

拓展训练

◆ **思考与练习**

1. 完成如图 1-2-48 所示零件图的绘制。

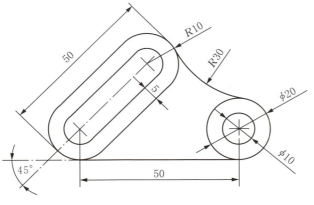

微视频

思考与练习
（一）

图 1-2-48

2. 完成如图 1-2-49 所示零件图的绘制。

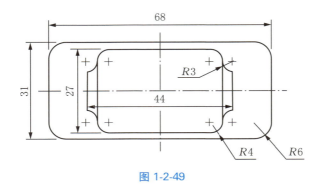

微视频

思考与练习
（二）

图 1-2-49

◆ **任务评价**

表 1-2-2 任务自我评价表

任务名称:减速器传动轴				班级：			姓名：		
序号	评价项目	评价要求	设计参数	实际参数	完成度	是否完成	备注	是否需要帮助
1	识图	准确识别图素					识别图素数量与图形图素一致为完成	
2	绘图步骤设计	设计步骤与实际步骤是否一致	设计步骤（ ）	实际步骤（ ）			一致为完成	
3	用时	规定用时（ ）	计划用时（ ）	实际用时（ ）			实际用时在规定用时内为完成	
4	图形准确性	图形尺寸检查		与原图一致性			对比标注数据,完全正确为完成	

续　表

序号	评价项目	评价要求	设计参数	实际参数	完成度	是否完成	备注	是否需要帮助
5	合作与沟通	是否独立完成	是		否		完成所有描述，则完成该项	
			独立完成部分描述					
			是否讨论					
			讨论参与人员					

自我评价（100 字以内，描述学习到的新知与技能，需要提升或获得的帮助）：

是否完成判定：

日期：

任务1.3　电动机椭圆形垫片的数字化设计

◆　**任务目标**

通过本任务的学习，学会使用"线框"菜单"矩形"模块中的"椭圆"命令，"修剪"模块中"两点打断"命令，"视图"菜单"显示"模块和"主页"菜单"分析"模块中的基本绘图命令，并提高针对零件图形制订合理绘制步骤的能力。

◆　**任务引入**

根据要求，完成如图 1-3-1 所示电动机椭圆形垫片的绘制。

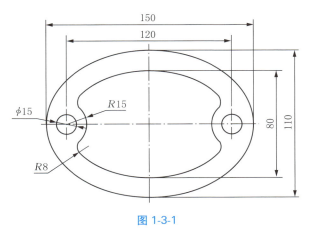

图 1-3-1

◆　**任务分析**

　　电动机椭圆形垫片的绘制步骤见表 1-3-1。

表 1-3-1　电动机椭圆形垫片的绘制步骤

1. 绘制椭圆	2. 绘制 φ15、R15 圆	3. 倒圆角 R8
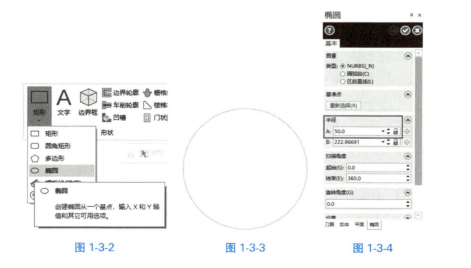		
4. 绘制中心线		

◆　**相关新知**

　　1. "椭圆"命令

　　"椭圆"命令在"线框"菜单"形状"模块"矩形"命令下拉菜单中,主要提供绘制椭圆的功能。

　　① 单击"线框"菜单,在"形状"模块中单击"矩形"命令的下拉箭头,单击"椭圆"命令,如图 1-3-2 所示。

微视频

"椭圆"命令

图 1-3-2　　　　　　　图 1-3-3　　　　　　　图 1-3-4

　　② 绘图区提示 选择基准点。 ,单击或输入坐标确定基准点,例如:输入坐标 X0,Y0 ,按 Enter 键确定。

③ 提示 输入×轴半径或选择一点 ，单击或输入数据。例如：输入 50 50 ，按 Enter 键确定，得到一个 A 轴半径为 50 的半成品椭圆，如图 1-3-3 所示。此时，"椭圆"管理框中半径 A 显示为 50.0，如图 1-3-4 所示。

④ 再次提示 输入×轴半径或选择一点 ，此时为 B 轴半径确认，输入 30 30 ，按 Enter 键确定，得到一个 B 轴半径为 30，A 轴半径为 50 的完整椭圆，如图 1-3-5 所示。此时，"椭圆"管理框中半径 B 显示为 30.0，如图 1-3-6 所示。

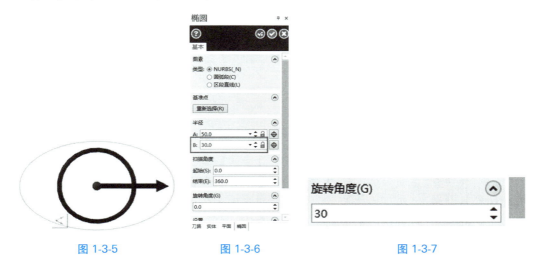

图 1-3-5　　　　　　　　　图 1-3-6　　　　　　　　　图 1-3-7

⑤ 可以在"椭圆"管理框中设置"旋转角度"来使椭圆 A 的轴线与 X 轴形成一个夹角，从而让整个椭圆旋转，例如：输入"旋转角度"为 30，如图 1-3-7 所示。

⑥ 单击 ⊘ 确定，获得一个 A 轴半径为 50，B 轴半径为 30，A 轴与坐标 X 轴呈 30°夹角的椭圆，如图 1-3-8 所示。

图 1-3-8

2."显示"模块

"显示"模块在"视图"菜单中，为一个单独模块，包括显示轴线和显示指针两项内容。该模块的主要作用是为用户提供图形象限划分和坐标原点的提示（在不需要的情况下可以非常方便地关闭）。显示轴线主要包括：世界坐标、WCS、绘图平面、刀具面；显示指针主要包括：选定平面、WCS、绘图平面、刀具面、在角落中显示绘图平面和刀具平面、显示平面名称、显示原始颜色。为了使加工更加方便，"显示"模块往往结合"转换"菜单中的相应命令进行图素位置调整。

单击"视图"菜单，在"显示"模块中单击"显示轴线"下拉箭头，如图 1-3-9 所示，勾选需要显示的轴线,单击"显示轴线"命令,绘图区就会显示勾选的所有轴线,如图 1-3-10 所示。轴线为系统坐标线,不能像图素一样被选中。

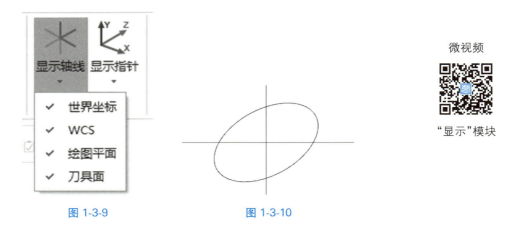

微视频

"显示"模块

图 1-3-9　　　　　　　　　　图 1-3-10

3. "分析"模块

"分析"模块在"主页"菜单中,主要包括"图素分析""距离分析""刀路分析""动态分析""实体检查""统计"等分析命令。"分析"模块常用于分析图素的各种参数,例如:距离、直径、实体缺陷等。在处理图形或加工中非常常用,可以为没有标注尺寸的图形提供清晰的辨别方法。

单击"主页"菜单,"分析"模块中有"图素分析""距离分析""统计"等命令。例如,分析如图 1-3-10 所示椭圆 A/B 轴长及旋转角度。

① 单击"图素分析"命令,提示 选择要分析的图素。 ,单击选择椭圆,显示"分析"对话框,因为我们在椭圆绘制的时候设置的是 NURBS 曲线 类型:◉NURBS(N) ,所以为"NURBS 曲线属性"对话框,如图 1-3-11 所示,显示了该椭圆两端的 X 轴、Y 轴坐标等信息。

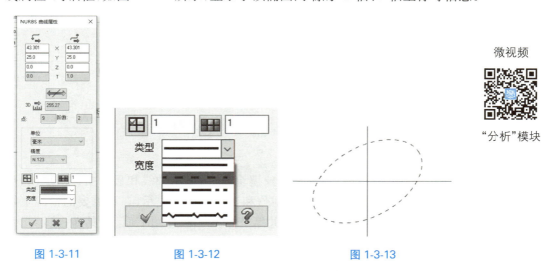

微视频

"分析"模块

图 1-3-11　　　　　　图 1-3-12　　　　　　图 1-3-13

② 对话框中白底的属性部分是可以更改的,例如:把椭圆由实线改为虚线,单击"类型"的下拉箭头,选择虚线,如图 1-3-12 所示。单击 ✓ 确定,椭圆线条变成虚线,如

图 1-3-13 所示。

③ 如图 1-3-12 所示中显示的 X 轴、Y 轴数据与 A 轴、B 轴数据不符,需要单独分析 A 轴、B 轴。单击"距离分析"的下拉箭头,单击"距离分析"命令,如图 1-3-14 所示。提示 选择一点或曲线 ,单击 A 轴左侧端点,如图 1-3-15 所示。出现"距离分析"对话框并提示 选择第二点或曲线 ,单击 A 轴右侧端点,如图 1-3-16 所示。"距离分析"对话框中显示 A 轴与 X 轴夹角 30,A 轴长度 100,如图 1-3-17 所示。

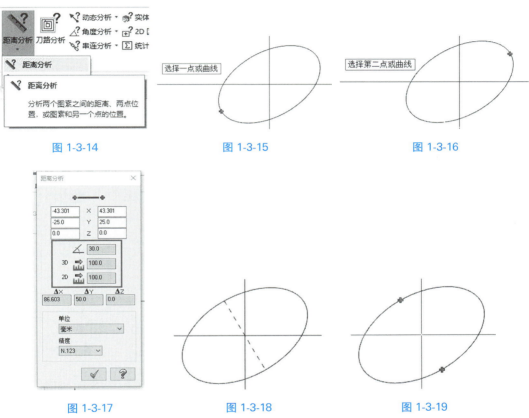

| 图 1-3-14 | 图 1-3-15 | 图 1-3-16 |

| 图 1-3-17 | 图 1-3-18 | 图 1-3-19 |

④ 由于椭圆 B 轴顶点无法选中,这里需要用"绘线"命令绘制一条辅助线,如图 1-3-18 所示。重复单击"距离分析"命令,单击选中 B 轴两个端点,如图 1-3-19 所示。"距离分析"对话框显示 B 轴长度 60,如图 1-3-20 所示。

4."两点打断"命令

"两点打断"命令在"线框"菜单"修剪"模块中,下拉菜单中包括"打断成两段""在交点打断""打断成多段""打断至点"等方式。该命令为倒角或倒圆角操作时可能出现的线条变化提供处理方案。

单击"修剪"模块中"两点打断"命令的下拉箭头,可以选择多种不同的打断方式。例如:将如图 1-3-8 所示的椭圆由两段曲线打断成四段等分曲线。

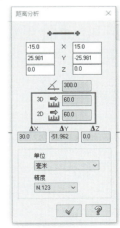

图 1-3-20

① 单击"主页"菜单"分析"模块中的"统计"命令 $\boxed{\Sigma}$ 统计，显示当前曲线数量为 2 条，如图 1-3-21 所示。

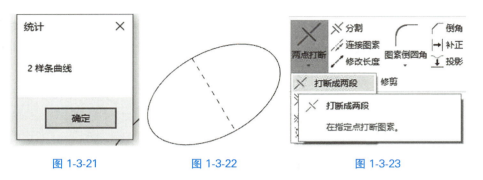

图 1-3-21　　　　　　　　图 1-3-22　　　　　　　图 1-3-23

② 单击"线框"菜单"绘线"模块中的"连续线"命令，绘制 B 轴辅助线，如图 1-3-22 所示。

③ 单击"修剪"模块"两点打断"的下拉箭头，单击"打断成两段"命令，如图 1-3-23 所示。

④ 绘图区提示 选择要打断的图素。，单击选择椭圆，提示 指定打断位置。，单击选择 B 轴的上端点，如图 1-3-24 所示。

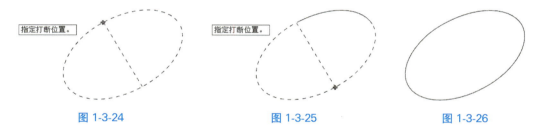

图 1-3-24　　　　　　　　　图 1-3-25　　　　　　　　图 1-3-26

⑤ 提示 选择要打断的图素。，重复步骤④的操作，单击选择 B 轴的下端点，如图 1-3-25 所示。

⑥ 完成后，按下 Esc 键退出"修剪"命令，删除辅助线，如图 1-3-26 所示。

⑦ 单击"主页"菜单"分析"模块下的"统计"命令 $\boxed{\Sigma}$ 统计，显示"4 样条曲线"，如图 1-3-27 所示。

图 1-3-27

◆　**任务实施**

1. 新建文件

打开 Mastercam 2020，单击快捷访问栏中 ![save] 按钮，根据提示命名为"电机椭圆形垫片"，以默认方式 保存类型(T): Mastercam 文件 (*.mcam) 保存。此时状态栏默认为 3D、俯视图。

2. 绘制椭圆

① 单击"线框"菜单，单击"形状"模块中"矩形"命令的下拉箭头，单击"椭圆"命令，如图 1-3-28 所示。

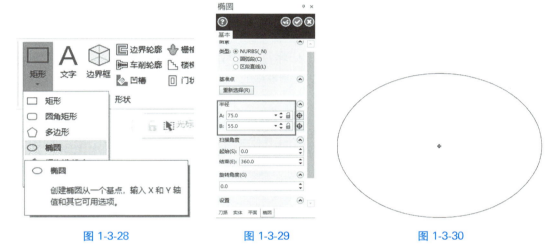

图 1-3-28　　　　　　　图 1-3-29　　　　　　　图 1-3-30

② 绘图区提示 选择基准点。，输入原点坐标(0，0)，按 Enter 键确定。

③ 在"椭圆"管理框中输入半径，A:75，B:55，如图 1-3-29 所示。

④ 单击 ![ok] 确定，获得 150×110 椭圆，如图 1-3-30 所示。

⑤ 重复步骤②③的操作，将椭圆半径修改为 A:60，B:40，如图 1-3-31 所示。

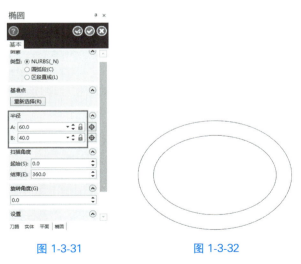

图 1-3-31　　　　　　　图 1-3-32

⑥ 单击 ![ok] 确定，获得 120×80 椭圆，如图 1-3-32 所示。

3. 绘制 $\phi15$、$R15$ 圆

① 单击"线框"菜单"圆弧"模块中的"已知点画圆"命令，如图 1-3-33 所示。

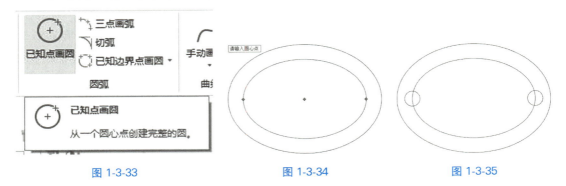

图 1-3-33　　　　　　　　　　图 1-3-34　　　　　　　　　　图 1-3-35

② 设 置"已 知 点 画 圆"管 理 框 直 径 为 15 并 单 击 锁 定 按 钮 锁 定 直 径 ，根据绘图区提示 请输入圆心点 ，选择 120×80 椭圆 A 轴两端点，如图 1-3-34 所示。

③ 单击 120×80 椭圆 A 轴两端点，单击 确定，如图 1-3-35 所示。

④ 单击 解锁，输入半径为 15 并锁定 ，单击 120×80 椭圆 A 轴两端点，单击 确定，如图 1-3-36 所示。

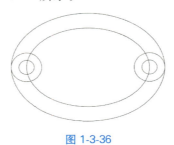

图 1-3-36

4. 倒圆角 $R8$

① 单击"修剪"模块中"两点打断"命令的下拉箭头，单击"打断成两段"命令，如图 1-3-37 所示。

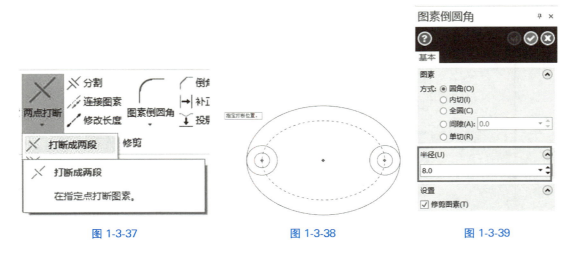

图 1-3-37　　　　　　　　　　图 1-3-38　　　　　　　　　　图 1-3-39

② 绘图区提示 选择要打断的图素。 ，单击选择 120×80 椭圆，并在 A 轴两端点位置进行打断，如图 1-3-38 所示。

③ 绘图区提示 指定打断位置。 ，单击选择 A 轴两端点，完成后按 Esc 键退出"打断"命令。

④ 单击"线框"菜单"修剪"模块中的"图素倒圆角"命令。

⑤ 设置"图素倒圆角"管理框半径值为 8，如图 1-3-39 所示。

⑥ 根据绘图区提示完成 $R8$ 倒圆角，如图 1-3-40 所示。

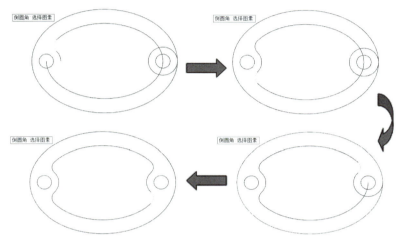

图 1-3-40

⑦ 完成后单击 ⊘ 确定，如图 1-3-41 所示。

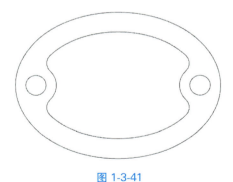

图 1-3-41

5. 绘制中心线

① 单击"主页"菜单，修改"属性"模块，设置"线型"为点划线 ＊ ┈┈ ┃ 3D 。

② 单击"线框"菜单"绘线"模块中的"连续线"命令，根据绘图区提示绘制椭圆 150×110 的中心线：输入坐标 X-78,Y0 ，按 Enter 键确定；输入坐标 X78,Y0 ，按 Enter 键确定；输入坐标 X0,Y58 ，按 Enter 键确定；输入坐标 X0,Y-58 ，按 Enter 键确定。

③ 单击 ⊘ 确定，如图 1-3-42 所示。

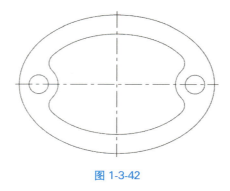

微视频

任务实施

图 1-3-42

◆　**拓展训练**

1. 使用"螺旋线"命令绘制 M16 大径螺旋曲线,螺距 $P = 2$ mm,螺纹长度 50 mm,如图 1-3-43 所示。

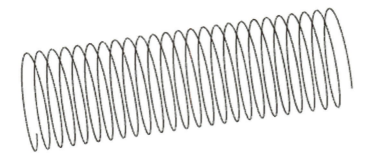

微视频

拓展训练(一)

图 1-3-43

2. 使用"平面螺旋"命令绘制一盘蚊香,要求最小半径为 2.5 mm,圈数为 10,水平间距始终保持 5 mm,如图 1-3-44 所示。

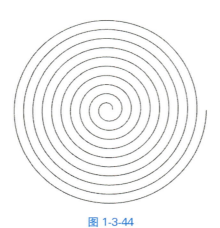

微视频

拓展训练(二)

图 1-3-44

◆　**思考与练习**

1. 完成如图 1-3-45 所示零件图的绘制。

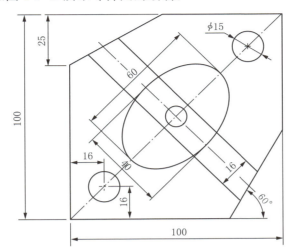

图 1-3-45

2. 完成如图 1-3-46 所示零件图的绘制。

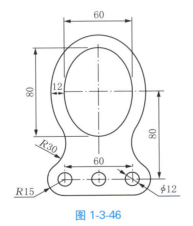

图 1-3-46

微视频

思考与练习
（一）

微视频

思考与练习
（二）

◆　**任务评价**

表 1-3-2　任务自我评价表

任务名称：				班级：		姓名：		
序号	评价项目	评价要求	设计参数	实际参数	完成度	是否完成	备注	是否需要帮助
1	识图	准确识别图素					识别图素数量与图形图素一致为完成	
2	绘图步骤设计	设计步骤与实际步骤是否一致	设计步骤（　）	实际步骤（　）			一致为完成	

续 表

序号	评价项目	评价要求	设计参数	实际参数	完成度	是否完成	备注	是否需要帮助
3	用时	规定用时（ ）	计划用时（ ）	实际用时（ ）			实际用时在规定用时内为完成	
4	图形准确性	图形尺寸检查		与原图一致性			对比标注数据，完全正确为完成	
5	合作与沟通	是否独立完成	是		否		完成所有描述，则完成该项	
			独立完成部分描述					
			是否讨论					
			讨论参与人员					

自我评价（100 字以内，描述学习到的新知与技能，需要提升或获得的帮助）：

是否完成判定：

日期：

任务1.4 创新先锋章的数字化设计

◆ 任务目标

通过本任务的学习，学会使用"线框"菜单"形状"模块中的"多边形""文字"命令，"转换"菜单中"旋转"等基本绘图命令，并提高针对零件图形制订合理绘制步骤的能力。

◆ 任务引入

根据要求，完成如图 1-4-1 所示创新先锋章的绘制。

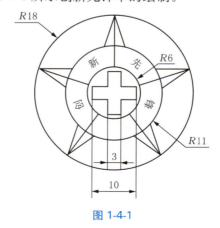

图 1-4-1

◆　**任务分析**

创新先锋章的绘制步骤见表 1-4-1。

表 1-4-1　创新先锋章的绘制步骤

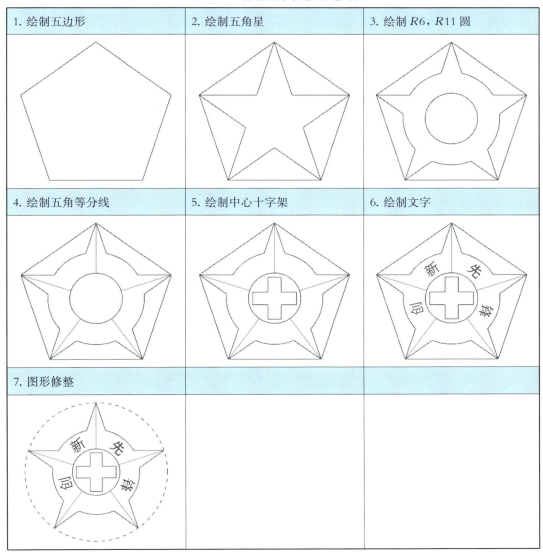

1. 绘制五边形	2. 绘制五角星	3. 绘制 $R6$，$R11$ 圆
4. 绘制五角等分线	5. 绘制中心十字架	6. 绘制文字
7. 图形修整		

◆　**相关新知**

1. "多边形"命令

"多边形"命令位于"线框"菜单"形状"模块中,通过指定中心位置、边数及内切或外接圆半径来创建各种多边形。具体操作步骤如下。

① 单击"线框"菜单"矩形"命令的下拉箭头,单击"多边形"命令,如图 1-4-2 所示。

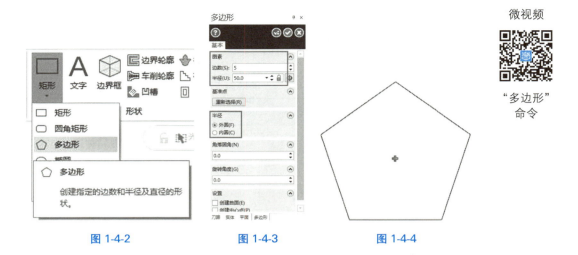

微视频

"多边形"
命令

图 1-4-2   图 1-4-3   图 1-4-4

② 绘图区提示 选择基准点。 ，单击绘图区选择或直接输入坐标，例如：输入坐标 X0,Y0 ，按 Enter 键确定。

③ 绘图区提示 输入半径或选择一点 ，可根据提示直接输入数据或单击选择目标点，也可在"多边形"管理框中直接设定数据。例如，画一个外圆半径为 50 的五边形，如图 1-4-3 所示。

④ 单击 ⊘ 确定，获得一个五边形，如图 1-4-4 所示。

⑤ 单击"主页"菜单"分析"模块中的"距离分析"命令，选择五边形中心到侧边最短距离，显示为 50，如图 1-4-5 所示。

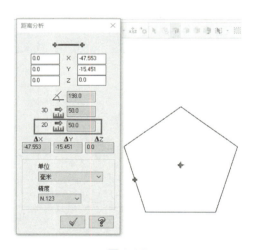

图 1-4-5

2. "文字"命令

"文字"命令在"线框"菜单"形状"模块中，为图形文字提供了设计方案。Mastercam 2020 解决了之前版本不能识别汉字的缺陷。具体操作步骤如下。

① 单击"线框"菜单"形状"模块中的"文字"命令，如图 1-4-6 所示。

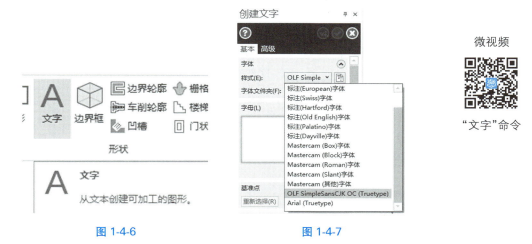

微视频

"文字"命令

图 1-4-6　　　　　　　　　　　　　　　　图 1-4-7

② 单击"创建文字"管理框"样式"的下拉箭头选择字体,如图 1-4-7 所示;或者单击"样式"右侧 图标,弹出"字体"对话框,例如:选择"宋体""常规""16",如图 1-4-8 所示,单击 确定 确定。

图 1-4-8　　　　　　　　　　　　　　　　图 1-4-9

③ 字体样式显示为宋体,如图 1-4-9 所示。

④ 在字母框中输入文字,例如:德技并修,如图 1-4-10 所示。

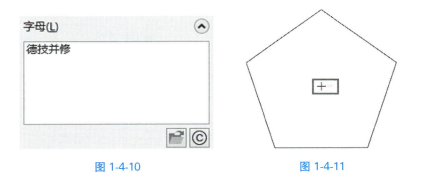

图 1-4-10　　　　　　　　　　　　　　　　图 1-4-11

⑤ 单击"创建文字"管理框中的基准点，单击原点确定基准点，文字显示在绘图区域，如图 1-4-11 所示。

⑥ 选择对齐方式，例如：设置为"圆弧""顶部""半径 30"；调整"尺寸"，例如：调整为"高度 10、间距 5"，如图 1-4-12 所示，修改这部分设置可以调整文字位置。

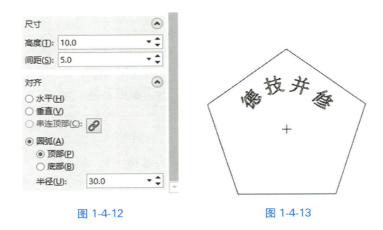

图 1-4-12　　　　　　　　　　图 1-4-13

⑦ 单击 ✅ 确定，如图 1-4-13 所示。

3. "旋转"命令

"旋转"命令位于"转换"菜单"位置"模块中，为旋转类曲面、实体以及图素中需要进行旋转调整或环形阵列提供了相应的设计方案。具体操作步骤如下。

① 使圆绕着原点 (0，0) 进行 360° 圆形阵列。单击"转换"菜单，单击"旋转"命令（图 1-4-14），如图 1-4-15 所示。

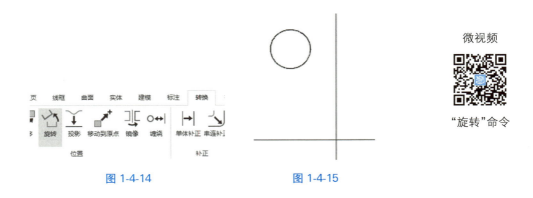

图 1-4-14　　　　　　　　　　图 1-4-15

微视频

"旋转"命令

② 绘图区提示 选择图素 ，单击小圆，单击绘图区"结束选择"按钮 结束选择 ，显示如图 1-4-16 所示。

③ 设置"旋转"管理框，如图 1-4-17 所示。

④ 单击 ✅ 确定，如图 1-4-18 所示。

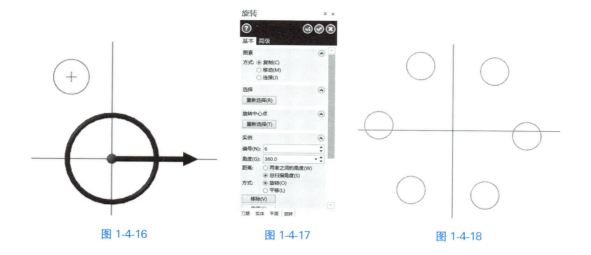

图 1-4-16　　　　　　　　图 1-4-17　　　　　　　　图 1-4-18

◆ **任务实施**

1. 新建文件

打开 Mastercam 2020，单击快捷访问栏中 按钮，根据提示命名为"创新先锋章"，以默认方式 保存类型(T): Mastercam 文件 (*.mcam) 保存。此时状态栏默认为 3D、俯视图。

2. 绘制五边形

① 单击"线框"菜单"矩形"模块的下拉箭头，单击"多边形"命令。

② 绘图区提示 选择基准点。 ，输入坐标(0，0)，按 Enter 键确定。

③ 绘图区提示 输入半径或选择一点 ，设置"多边形"管理框，边数为 5；半径为 18；内圆，如图 1-4-19 所示。

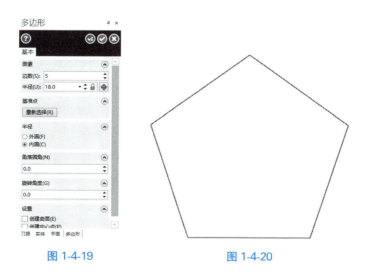

图 1-4-19　　　　　　　　图 1-4-20

④ 单击 确定，绘图区如图 1-4-20 所示。

3. 绘制五角星

① 单击"连续线"命令,设置"连续线"管理框方式为连续线,如图 1-4-21 所示。

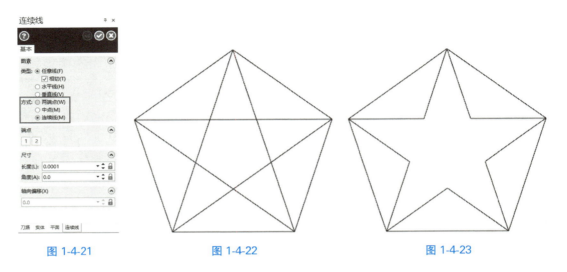

图 1-4-21   图 1-4-22   图 1-4-23

② 使用"连续线"命令绘制五角星,单击 ⊘ 确定,如图 1-4-22 所示。

③ 单击"分割"命令,修整五角星内部线,单击 ⊘ 确定,如图 1-4-23 所示。

4. 绘制 $R6$,$R11$ 圆

① 单击"已知点画圆"命令,绘图区提示 请输入圆心点 ,单击选择 $R18$ 圆心。

② 在"已知点画圆"管理框中设置圆的半径为 6,如图 1-4-24 所示。

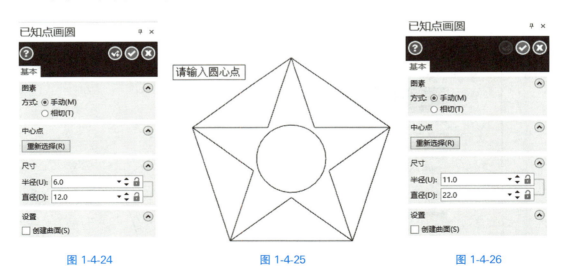

图 1-4-24   图 1-4-25   图 1-4-26

③ 单击 ⊘ 确定,如图 1-4-25 所示。

④ 绘图区提示 请输入圆心点 ,单击选择多边形的中心。

⑤ 在"已知点画圆"管理框设置圆的半径为 11,如图 1-4-26 所示。

⑥ 单击 ⊘ 确定,如图 1-4-27 所示。

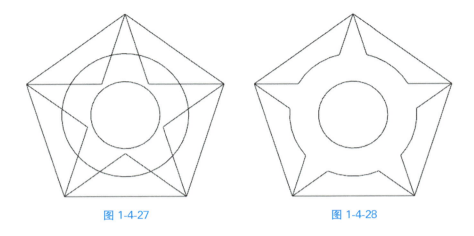

图 1-4-27　　　　　　　　　　　　　　图 1-4-28

⑦ 单击"分割"命令,修整 $R11$ 圆内多余线段,单击 ✅ 确定,如图 1-4-28 所示。

5. 绘制五角等分线

① 单击"连续线"命令,选择方式为两端点,绘制直线,如图 1-4-29 所示。

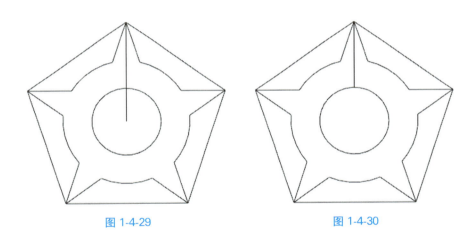

图 1-4-29　　　　　　　　　　　　　　图 1-4-30

② 单击"分割"命令,修整直线,如图 1-4-30 所示。

③ 单击"转换"菜单"旋转"命令,提示 选择图素 ,选择五角等分线。

④ 单击绘图区"结束选择"按钮 结束选择 ,如图 1-4-31 所示。

⑤ 设置"旋转"管理框,如图 1-4-32 所示。

⑥ 单击 ✅ 确定,如图 1-4-33 所示。

6. 绘制中心线条

① 单击"线框"菜单"矩形"命令,设置"矩形"管理框,如图 1-4-34 所示。

② 绘图框提示 选择基准点。 ,单击多边形的中心,单击 ✅ 确定,如图 1-4-35 所示。

③ 重新设置"矩形"参数宽度为 3;高度为 10,如图 1-4-36 所示。

④ 绘图框提示 选择基准点。 ,单击多边形的中心,单击 ✅ 确定,如图 1-4-37 所示。

⑤ 单击"分割"命令,修整线条,单击 ✅ 确定,如图 1-4-38 所示。

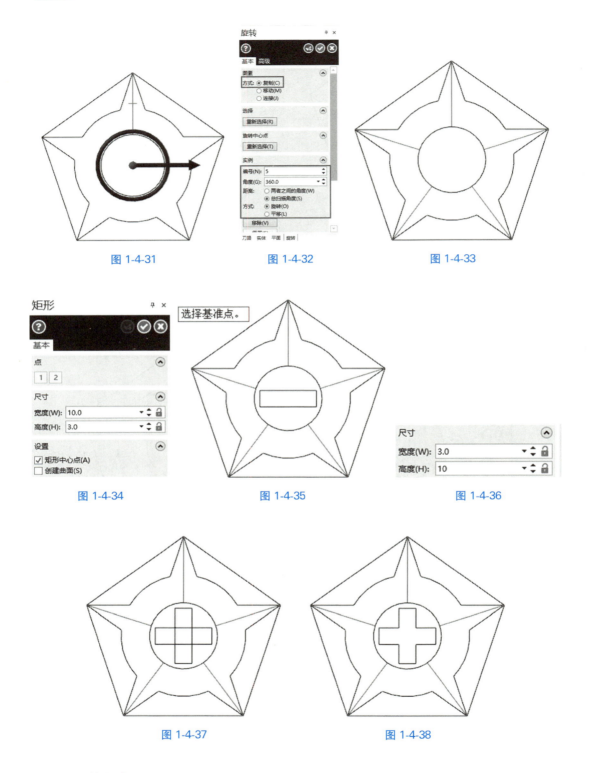

图 1-4-31　　　　　图 1-4-32　　　　　图 1-4-33

图 1-4-34　　　　　图 1-4-35　　　　　图 1-4-36

图 1-4-37　　　　　　　　图 1-4-38

7. 绘制文字

① 单击"文字"命令，设置"创建文字"管理框，如图 1-4-39 和图 1-4-40 所示。

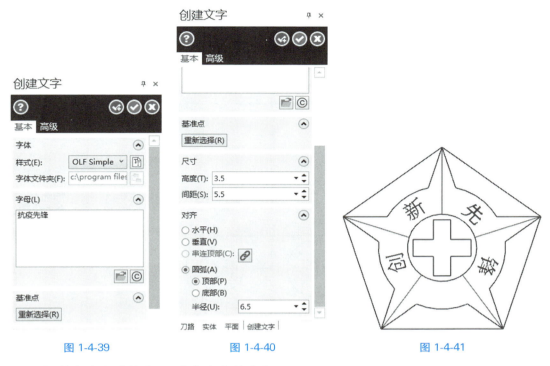

图 1-4-39　　　　　　　　图 1-4-40　　　　　　　　图 1-4-41

② 单击多边形的中心,确定文字基准点。

③ 单击 ✓ 确定,效果如图 1-4-41 所示。

8. 图形修整

① 单击"主页"菜单"删除图素"命令。

② 绘图区提示 选择图素 ,单击五边形,完成后单击"结束选择"按钮 结束选择 ,如图 1-4-42 所示。

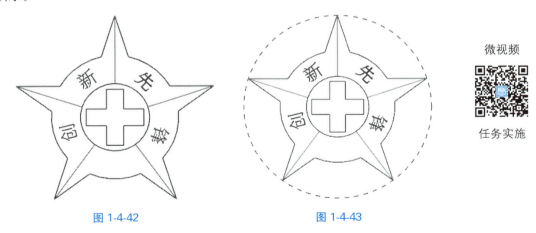

图 1-4-42　　　　　　　　　　　　图 1-4-43

微视频

任务实施

③ 修改"属性"模块,将线型调整为虚线, ★ ▼ — ···· ▼ — ▼ 3D 。

④ 单击"线框"菜单,单击"已知点画圆"命令,根据绘图区提示完成多边形的外圆绘制,单击 ✓ 确定,如图 1-4-43 所示。

注:多边形的外圆属于辅助线,如果不需要,可以不画。

◆　**拓展训练**

尝试使用"多边形"命令和"文字"命令，为自己的班级设计一枚独特的班级徽章。

◆　**思考与练习**

1. 完成如图 1-4-44 所示图形绘制。

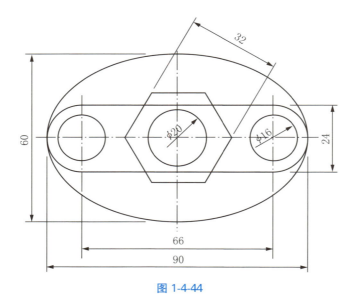

微视频

思考与练习
（一）

图 1-4-44

2. 完成如图 1-4-45 所示图形绘制。

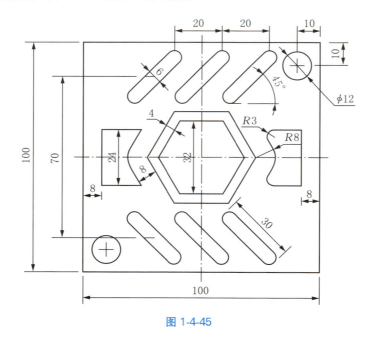

微视频

思考与练习
（二）

图 1-4-45

◆　**任务评价**

表 1-4-2　任务自我评价表

任务名称：			班级：			姓名：		
序号	评价项目	评价要求	设计参数	实际参数	完成度	是否完成	备注	是否需要帮助
1	识图	准确识别图素					识别图素数量与图形图素一致为完成	
2	绘图步骤设计	设计步骤与实际步骤是否一致	设计步骤（　）	实际步骤（　）			一致为完成	
3	用时	规定用时（　）	计划用时（　）	实际用时（　）			实际用时在规定用时内为完成	
4	图形准确性	图形尺寸检查		与原图一致性			对比标注数据，完全正确为完成	
5	合作与沟通	是否独立完成	是		否		完成所有描述，则完成该项	
			独立完成部分描述					
			是否讨论					
			讨论参与人员					
自我评价（100 字以内，描述学习到的新知与技能，需要提升或获得的帮助）：								
是否完成判定：								
							日期：	

任务 *1.5*　图形标注

◆　**任务目标**

通过本任务的学习，学会使用"视图"菜单中"层别"命令和"标注"菜单中的基本绘图命令，并提高针对零件图形制订合理绘制步骤的能力。

◆　**任务引入**

根据要求，完成对减速器传动轴的图形标注，如图 1-5-1 所示。

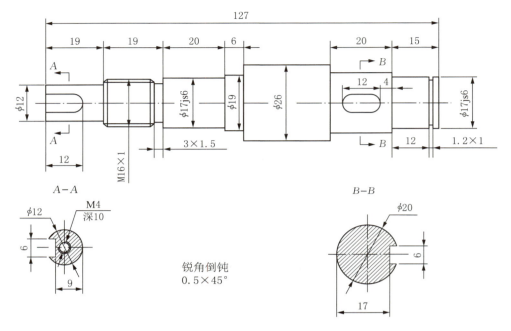

图 1-5-1

◆ **任务分析**

减速器传动轴的图形标注步骤详表 1-5-1。

表 1-5-1 减速器传动轴的图形标注步骤

1. 标注主视图轴向线性尺寸	2. 标注主视图径向直径尺寸	3. 标注剖切视图

◆ **相关新知**

1. "层别"命令

"层别"命令在"视图"菜单"管理"模块中。层别管理是图素属性管理的一种,在 CAD 软件中,层别管理可以设置不同层别的图素属性,提供便捷的图素管理方案。在 Mastercam 2020 中,除了在"管理"模块中进行层别管理,在"主页"菜单"属性"模块也可以进行层别管理的设置,而且"属性"模块中的层别管理设置更加细致。具体操作如下。

① 单击"视图"菜单"管理"模块中的"层别"命令,如图 1-5-2 所示。

② 在绘图区左侧位置出现"层别"管理框,如图 1-5-3 所示。

③ 在"层别"管理框中可以完成"添加新层别""名称"等操作。

④ 例如,打开 1.2 项目中绘制的减速器传动轴图,管理框中显示如图 1-5-4 所示,图

层 1 里有 75 个图素。

图 1-5-2　　　　　　　　　　　　　　　　　　图 1-5-3

图 1-5-4　　　　　　　　　　　　图 1-5-5　　　　　　微视频

层别管理

⑤ 新建一个图层。单击"层别"管理框 ✚ 按钮,新建图层;在"名称"编辑框内输入图层 2 的名称,如图 1-5-5 所示。

⑥ 单击"层别"管理框中"号码"列数字"1"框内空白处,选中图层 1,如图 1-5-6 所示。

图 1-5-6　　　　　　　　　　　　　　　　图 1-5-7

⑦ 在"名称"编辑框内输入图层 1 的名称,如图 1-5-7 所示。

⑧ 此时"层别"管理框如图 1-5-8 所示,图层 2 没有图素,需要把剖切视图移动到图层 2 中,也就是 A-A、B-B 两个剖切视图。

图 1-5-8　　　　　　　　　　　　　　图 1-5-9

⑨ 框选这两个剖切视图,如图 1-5-9 所示。

⑩ 单击"主页"菜单"规划"模块 按钮,弹出"更改层别"对话框,如图 1-5-10 所示。

图 1-5-10　　　　　　　　　　　　　　　　图 1-5-11

⑪ 更改数据,如图 1-5-11 所示。

⑫ 单击 ✔ 确定,此时"层别"管理框如图 1-5-12 所示,有 14 个图素被移动到图层 2,绘图区图形显示如图 1-5-13 所示。

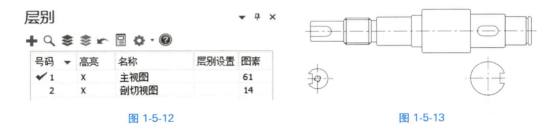

图 1-5-12　　　　　　　　　　　　　　　　图 1-5-13

⑬ 单击"层别"管理框"号码"2 中的"高亮"X,使 X 消失,如图 1-5-14 所示。图层 2 的图素被全部隐藏,绘图区图形显示如图 1-5-15 所示。

注:当前使用图层(图层号码带✓)无法被隐藏。

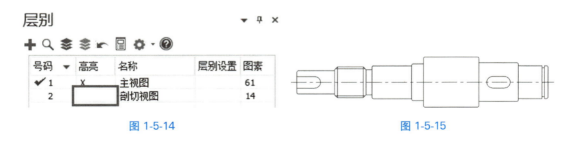

图 1-5-14　　　　　　　　　　　　　　　　图 1-5-15

2."标注"菜单

Mastercam 2020 的"标注"菜单为 2D/3D 图素提供了尺寸标注相关解决方案。

单击"标注"菜单,如图 1-5-16 所示,包括"尺寸标注""纵标注""注释""重新生成""修剪"五大模块。

图 1-5-16

（1）"尺寸标注"模块

"尺寸标注"模块主要包括常规的线型尺寸标注，其中的"快速标注"命令可以极大提高标注效率，单击按钮 ⬐ 可以对标注进行自定义，如图 1-5-17 所示。单击 ⬐ 按钮，弹出"自定义选项"对话框，如图 1-5-18 所示，可以设置文字、箭头等标注属性。例如将箭头三角设置为开放三角形，勾选填充，如图 1-5-19 所示，单击 ☑ 确定。

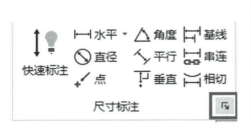

图 1-5-17

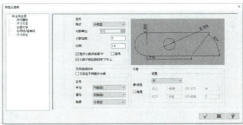

图 1-5-18

图 1-5-19

例如：对如图 1-5-1 所示图形中的 19、M16×1、ϕ17js6 三个尺寸进行标注，如图 1-5-20 所示。

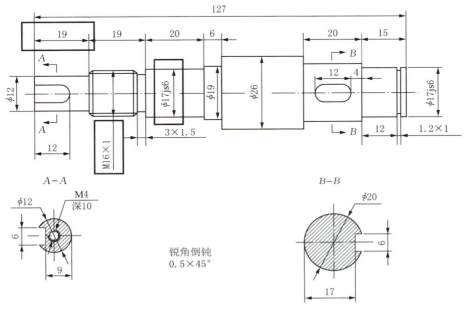

图 1-5-20

① 打开"减速器传动轴"文件,锐角倒钝全部去除。

② 单击"标注"菜单"快速标注"命令,如图 1-5-21 所示。

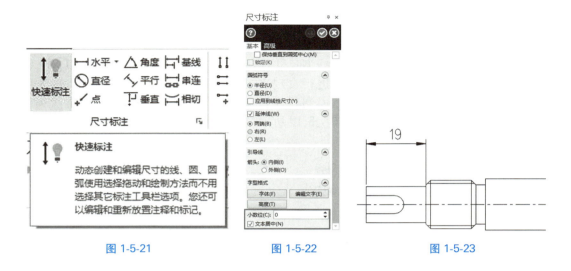

图 1-5-21　　　　　　　图 1-5-22　　　　　　　图 1-5-23

③ 根据绘图区提示,单击 19 线段,修改"尺寸标注"管理框中小数位为 0,与原图形标注一致,如图 1-5-22 所示。移动到合适位置,单击 图标 确定,如图 1-5-23 所示。

④ 根据绘图区提示,单击 M16×1 两端点,如图 1-5-24 所示。

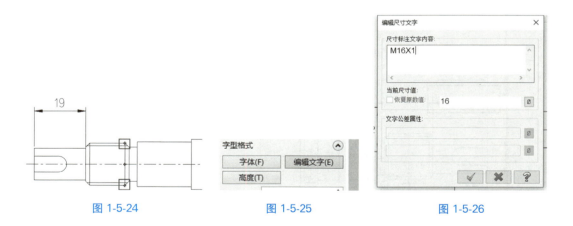

图 1-5-24　　　　　　　图 1-5-25　　　　　　　图 1-5-26

⑤ 在"尺寸标注"管理框中,单击"编辑文字"按钮 编辑文字(E),如图 1-5-25 所示,弹出"编辑文字尺寸"对话框,完成文字内容的编辑,如图 1-5-26 所示。

⑥ 单击 图标 确定,将文字移动到合适位置,单击 图标 确定,如图 1-5-27 所示。

⑦ 根据绘图区提示,单击 $\phi 17js6$ 两端点,如图 1-5-28 所示。

⑧ 勾选圆弧符号选项设置,如图 1-5-29 所示。

⑨ 单击"编辑文字"按钮 编辑文字(E),设置 $\phi 17$ js6 参数,如图 1-5-30 所示,单击 图标 确定。

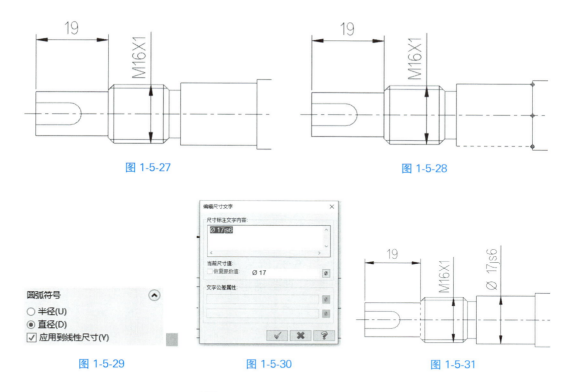

图 1-5-27　　　　　　　　　　　　　图 1-5-28

图 1-5-29　　　　　　图 1-5-30　　　　　　图 1-5-31

⑩ 移动到合适位置，单击 ⊘ 确定，如图 1-5-31 所示。

（2）"纵标注"模块

"纵标注"模块一般应用于二维平面尺寸非常多的非旋转类零件，在模具零件标注中十分常见。例如：对一个模具的矩形模板（图 1-5-32）进行纵标注，基准角设定为矩形右下角。

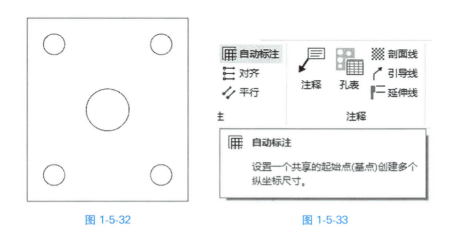

图 1-5-32　　　　　　　　　　　　图 1-5-33

① 打开"1.5 纵标注矩形模板"文件。

② 单击"标注"菜单"纵标注"模块中的"自动标注"命令，如图 1-5-33 所示。

③ 弹出"纵坐标标注/自动标注"对话框，单击"选择"按钮，如图 1-5-34 所示。

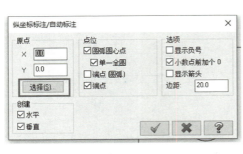

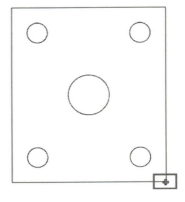

图 1-5-34　　　　　　　　　　　　　　　图 1-5-35

④ 单击图形右下角矩形顶点,如图 1-5-35 所示,单击 ✔ 确定。

⑤ 根据绘图区提示,框选所有图素后,单击确定,图形被纵标注,如图 1-5-36 所示。

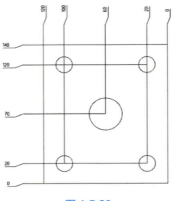

图 1-5-36

　　这些纵标注也可以通过 ⬍水平 和 ⬌垂直 两个命令进行,并且可以详细地编辑一些信息,例如加工精度。纵标注一般只应用于位置坐标的确定,不用于标注半径、直径等圆弧类尺寸。

　　(3)"注释"模块

　　"注释"模块的主要功能是进行文字描述、剖面线绘制、文字注解等。

　　(4)"重新生成"模块

　　"重新生成"模块主要用于验证和重新生成无效标注。例如,减速器传动轴左端已经标注 19 尺寸,如图 1-5-37 所示。此时,对轴左端进行 1×1 的倒角(如图 1-5-38 所示),此时,标注 19 可能变为暗红色,是无效尺寸,单击"标注"菜单"重新生成"模块"自动"命令,如图 1-5-39 所示,标注 19 此时就会自动生成一个有效尺寸,如图 1-5-40 所示。图形标注因标注的选取方式不同而产生差异,以尺寸标注 19 为例:如果在快速标注过程中选择的是两端点,倒角结束后,19 尺寸就会变成无效尺寸,需要重新生成;如果选择的是线段,倒角结束后,19 仍然是有效尺寸,不需要重新生成。

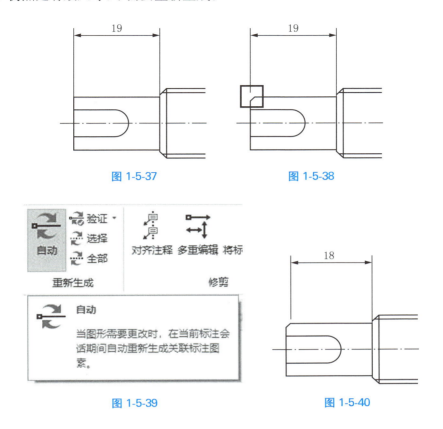

图 1-5-37　　　　　　　图 1-5-38

图 1-5-39　　　　　　　图 1-5-40

（5）"修剪"模块

"修剪"模块主要应用于对注释和标注的修整。例如,使用"多重编辑"命令对某一个标注进行公差添加;使用"将标注打断为图形"命令打断标注,使标注变成文字、线段、箭头等独立的图素。

◆　**任务实施**

1. 新建文件

打开 Mastercam 2020,单击快捷访问栏中 [图标] 按钮,打开"减速器传动轴"文件,单击"文件"菜单"另存为"命令,单击右侧"浏览(B)"图标,选择保存目录,文件名命名为1.5 减速器传动轴的图形标注, 文件名(N): 1.5减速器传动轴的标注 ;以默认方式 保存类型(T): Mastercam 文件 (*.mcam) 保存。此时状态栏默认为 3D、俯视图。

2. 设置图层

单击"视图"菜单"层别"命令,单击"层别"管理框 ➕ 按钮,并命名图层,如图 1-5-41所示。

图 1-5-41

3. 标注主视图轴向线性尺寸

① 选择图层 2，单击"标注"菜单"快速标注"命令，标注 19，单击 ✅ 确定。

② 单击"串连"命令 ⊞串连，根据绘图区提示，"线性标注"选择已标注好的 19；"第二端点"选择台阶轴的图形标注引线点，完成后如图 1-5-42 所示。

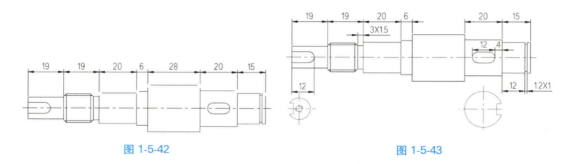

图 1-5-42

图 1-5-43

③ 单击"快速标注"命令，标注 12、3×1.5、12、1.2×1，4 个轴向尺寸，并删除 28 尺寸，如图 1-5-43 所示。

4. 标注主视图径向直径尺寸

① 单击尺寸标注的 ⌧ 按钮，在"自定义选项"对话框中设置"尺寸文字"，在"文字定位方式"中选择 ⊙与标注同向，如图 1-5-44 所示，单击 ✅ 确定。

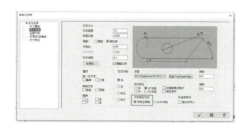

图 1-5-44

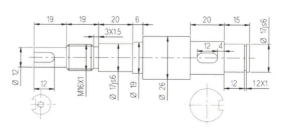

图 1-5-45

② 单击"快速标注"命令，标注 $\phi12$、$M16\times1$、$\phi17js6$ 等尺寸，如图 1-5-45 所示。

5. 标注剖切视图

主视图在完成标注后与剖视图距离太近，需要调整一下剖视图位置。

① 单击"转换"菜单"平移"命令，如图 1-5-46 所示。

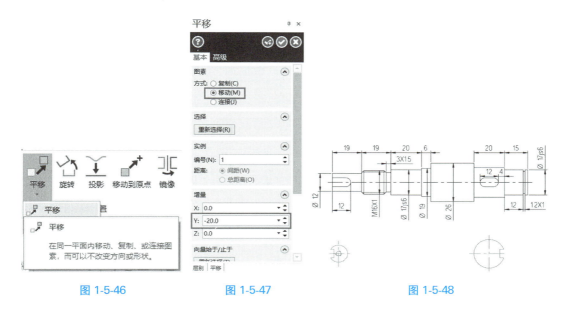

图 1-5-46　　　　图 1-5-47　　　　图 1-5-48

② 框选两个剖视图，完成后单击绘图区"结束选择"按钮。

③ 设置"平移"管理框参数，图景方式选择"移动"，输入 Y 增量值为 -20，如图 1-5-47 所示。

④ 单击 确定，如图 1-5-48 所示。

⑤ 单击"标注"菜单"引导线"命令，如图 1-5-49 所示。

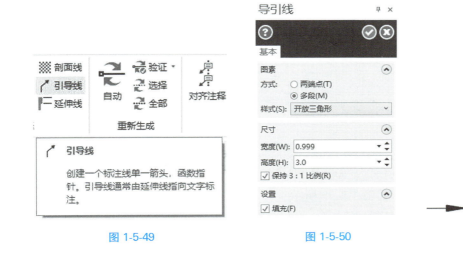

图 1-5-49　　　　图 1-5-50　　　　图 1-5-51

⑥ 设置"导引线"管理框参数,如图 1-5-50 所示。

⑦ 根据绘图区提示,在图形空白处绘制一个引导线图标 ⌐⌐,单击 ◎ 确定,图标尺寸如图 1-5-51 所示。

⑧ 单击"转换"菜单"平移"命令,框选引导线,单击 结束选择 按钮。

⑨ 设置方式为复制 方式: ◎ 复制(C) ,单击"向量始于/止于"图标 重新选择(T) ,根据绘图区提示,单击引导线上任意一点。

⑩ 系统提示 选择平移终点 ,鼠标移至 A 剖面合适位置单击,如图 1-5-52 所示。

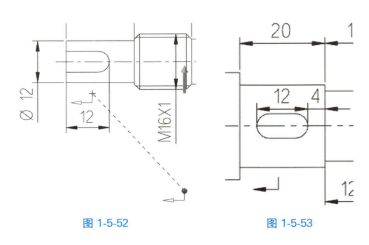

图 1-5-52　　　　　　　　　　图 1-5-53

⑪ 根据绘图区提示,重复平移操作至 B 剖面处合适位置,单击 ◎ 确定,如图 1-5-53 所示。

⑫ 单击"镜像"命令,根据提示选择 B 剖面处引导线,设置方式为移动 ◎ 移动(M) ,单击 ◎ 确定,如图 1-5-54 所示。

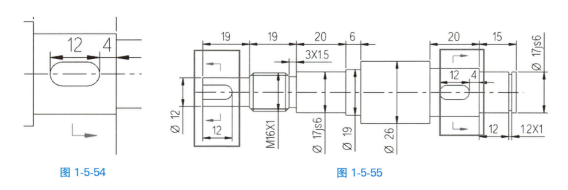

图 1-5-54　　　　　　　　　　图 1-5-55

⑬ 重复"镜像"命令,选择 A/B 剖面处引导线,设置方式为复制 方式: ◎ 复制(C) ,以轴心线为镜像轴,单击 ◎ 确定,如图 1-5-55 所示。

⑭ 单击"标注"菜单,单击"注释"命令,设置文字高度为 3.5,根据提示,在引导线合适位置分别放入字母 A,如图 1-5-56 所示,单击 ◎ 确定;重复该步骤操作,放入其他位置字母,如图 1-5-57 所示。

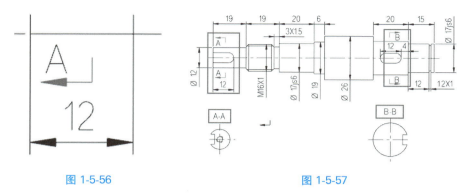

图 1-5-56　　　　　　　　　　　　　图 1-5-57

⑮ 单击"注释"模块"剖面线"命令 ▒ 剖面线，弹出"线框串连"对话框，如图 1-5-58 所示，提示选择串连 1，单击 A-A 外轮廓，如图 1-5-59 所示；提示选择串连 2，单击螺纹小径圆，如图 1-5-60 所示；完成后单击"线框串连"对话框 ◉ 确定；设置"交叉剖面线"管理框参数，如图 1-5-61 所示；单击 ◉ 确定，如图 1-5-62 所示；重复该步骤完成 B-B 剖面线绘制，如图 1-5-63 所示。

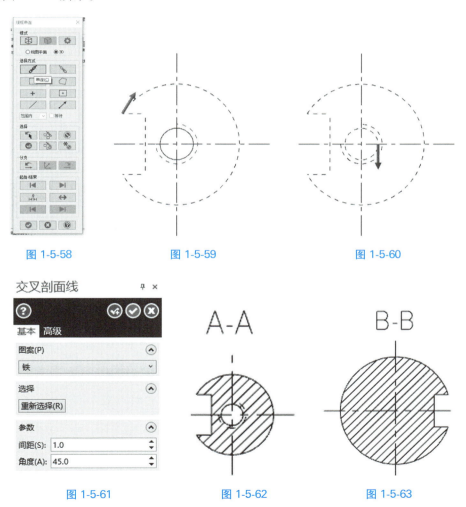

图 1-5-58　　　　　　　图 1-5-59　　　　　　　图 1-5-60

图 1-5-61　　　　　　　图 1-5-62　　　　　　　图 1-5-63

⑯ 使用"尺寸标注"模块下的命令完成 *A-A* 和 *B-B* 剖面其他尺寸标注,完成后效果如图 1-5-64 所示。

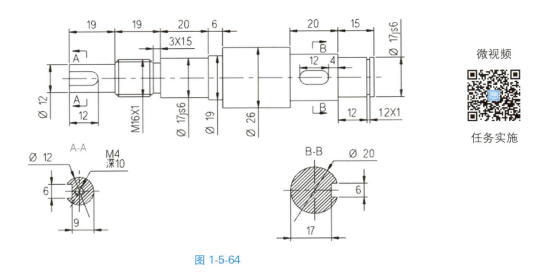

微视频

任务实施

图 1-5-64

◆ **拓展训练**

绘制如图 1-5-65 所示的曲轴连杆并完成标注。

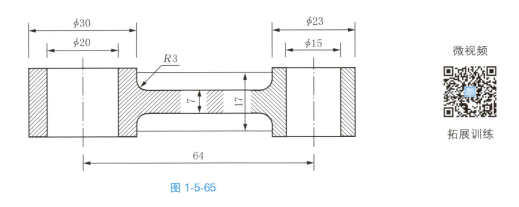

微视频

拓展训练

图 1-5-65

◆ **思考与练习**

1. 完成任务 1.1 麻花钻角度样板图的尺寸标注,如图 1-5-66 所示。
2. 完成任务 1.3 电动机椭圆形密封垫片的尺寸标注,如图 1-5-67 所示。

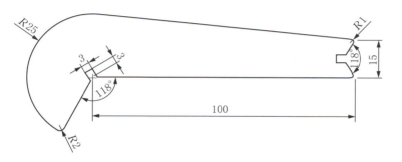

微视频

思考与练习
（一）

图 1-5-66

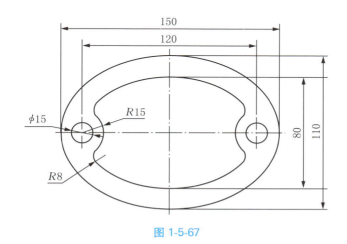

微视频

思考与练习
（二）

图 1-5-67

◆ **任务评价**

表 1-5-2　任务自我评价表

任务名称：				班级：			姓名：		
序号	评价项目	评价要求	设计参数	实际参数	完成度	是否完成	备注	是否需要帮助
1	识图	准确识别图素					识别图素数量与图形图素一致为完成	
2	绘图步骤设计	设计步骤与实际步骤是否一致	设计步骤（　）	实际步骤（　）			一致为完成	
3	用时	规定用时（　）	计划用时（　）	实际用时（　）			实际用时在规定用时内为完成	
4	图形准确性	图形尺寸检查		与原图一致性			对比标注数据，完全正确为完成	

序号	评价项目	评价要求	设计参数	实际参数	完成度	是否完成	备注	是否需要帮助
5	合作与沟通	是否独立完成	是		否			
			独立完成部分描述				完成所有描述，则完成该项	
			是否讨论					
			讨论参与人员					
自我评价(100 字以内,描述学习到的新知与技能,需要提升或获得的帮助):								
是否完成判定:								
							日期:	

项目二

三维曲面数字化设计

任务 2.1　五角星三维线框的数字化设计

◆ **任务目标**

通过本任务的学习,熟悉图形视角,掌握构图深度及构图平面、视角平面在图形创建时的使用,从而创建出相应的三维线框模型,并在图示的位置画出两颗五角星,增强对中国文化元素的认识。

◆ **任务引入**

完成如图 2-1-1 所示图形的三维线框模型绘制。

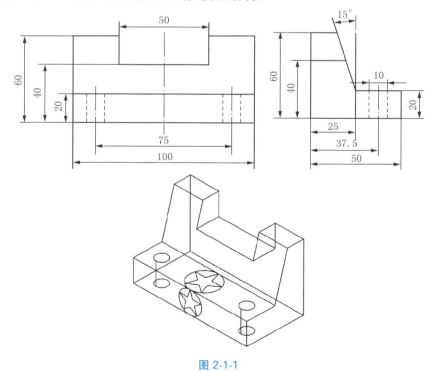

图 2-1-1

◆ **任务分析**

　　绘制一个简单三维零件线框,首先要将三维线框图分解为具有多个不同绘图平面及绘图深度的简单二维图形,然后将这些简单二维图形进行组合,可以绘制出一个具有三维特征的简单零件。如图 2-1-1 所示,首先把该图分解为下侧台阶矩形线框图、右侧壁梯形线框图及右侧壁槽线框图,然后再进行组合,最后画出两颗五角星。

◆ **相关新知**

　　创建三维曲面时,需要先建立三维空间中的线形框架,这个线形框架是曲面的关键部分,它可以用来定义曲面的边界或截断面的特征。

　　在 Mastercam 2020 中创建三维图形和二维图形的方法步骤基本相同,唯一不同的是创建二维图形时用的坐标轴只有两个,即 X 轴和 Y 轴,图形对象为平面图,此时创建的图形所在平面为 OXY 平面,在 Mastercam 2020 中称为"俯视图"构图面。创建三维图形时,两个坐标轴已经不能满足构图需求,需要引入第三个坐标轴,即 Z 轴,才能完成三维图形的创建。

　　怎么才能绘制具有三维特征的有效图形呢? Mastercam 2020 提出了屏幕视图、绘图平面及绘图深度三个概念。灵活有效地应用这三个命令就能创建出任何复杂三维图形。

1. 绘图平面

　　一个立方体由六个面组成,而 Mastercam 2020 将这六个面分别定义为相应的绘图平面,如图 2-1-2 所示。常用绘图平面有:俯视图(T)、前视图(F)、右视图(R)。Mastercam 2020 将任何与顶面平行的面定义为俯视图(T);将任何与前面平行的面定义为前视图(F);将任何与右面平行的面定义为右视图(R)。可通过左键单击右下角的"绘图平面"选择相应的视图按钮,实现标准绘图平面的变换。

　　如:在俯视图上创建图形,首先要选择俯视图,系统将在图形窗口右下角"绘图平面"后面显示当前绘图平面的面状态,如图 2-1-3 所示。

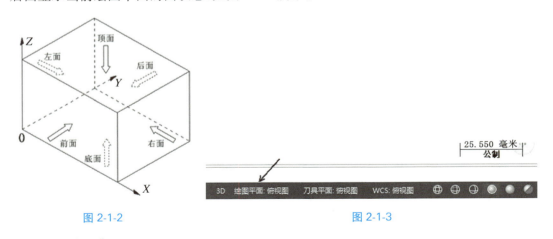

图 2-1-2　　　　　　　　　　　　　　　　　　　　图 2-1-3

2. 绘图深度

　　绘图深度是表明无数的平行绘图平面之间的层次关系的参数,即与顶面平行的平面有无数个,同样,与前面、右面平行的面也有无数个,为了区别相互平行的平面,Mastercam 2020

绘图深度用 Z 表示。如:在俯视图状态下设置绘图深度为"0",可以在状态栏  位置处单击后直接输入"0.0",也可在坐标显示输入处直接输入 Z 坐标值为"0.0"。

提示:绘图深度在状态栏 Z: 10.00000　3D　绘图平面:俯视图 位置处设置,则在不改变 Z 值之前,所有的图素操作都在这一绘图深度进行,但绘制图素出现点捕捉时,可能会改变绘图深度 Z,改变值会在最下面的坐标显示栏显示。也可按空格键出现坐标显示栏,直接填写坐标值 10,20,30 ,其中 Z 值处输入 30 就是所需绘图深度,用这种方法可以改变当前绘图深度,但坐标显示栏的 Z 值仅对本次操作有效。

3. 图形坐标

描述一个物体在空间中的位置,必须建立一套完整的参考坐标系。WCS 是 Mastercam 2020 中使用的工作坐标系,它是屏幕视图、绘图平面、刀具平面的参照坐标系,是一个标准的笛卡尔空间坐标系。

在 Mastercam 2020 中,按"Alt + F9"键,系统会显示空间坐标系,其水平线为 X 轴;竖线为 Y 轴;其箭头方向为正半轴,中间一点为 Z 轴,方向可用右手定则判定,也可将屏幕视图变为等角视图判定,正负判断和 X、Y 轴一致。这个 Z 轴就是设置的绘图深度。如果按 F9 键,将出现三条沿坐标轴方向的细直线。

4. 视角平面

Mastercam 2020 提供了多种图形视角的选择,可单击"视图"菜单"屏幕视图"模块中"俯视图""右视图""前视图""等视图"等命令实现标准视角的变换。

◆ **任务实施**

1. 绘制底面台阶轮廓

① 绘制 100×50 矩形。打开 Mastercam 2020,选择"视图"菜单"屏幕视图"模块中的俯视图,图形窗口右下角提示为"绘图平面:俯视图",在状态栏中设置构图深度 Z 0.0 ,这些设置一般为系统默认设置。单击"线框"菜单"矩形"命令,设置:宽度(W): 100.0 和 高度(H): 50.0 并勾选 ☑ 矩形中心点(A) ,此时矩形的定位是以矩形中心点坐标为基准,绘图窗口出现提示栏 选择基准点。 ,此时选择原点,然后单击 ⊚ 确认,完成矩形 100×50 的绘制,如图 2-1-4 所示。

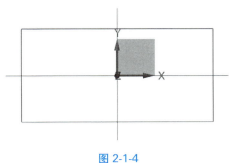

图 2-1-4

② 绘制 100×25 矩形。设置构图深度 Z [20.0 ▼]，重复(1)操作，此时矩形中点坐标为(0，－12.5，20)，作图效果如图 2-1-5 所示(等角视图)。

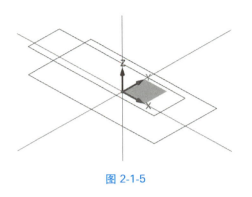

图 2-1-5

③ 绘制 2－φ10 孔。单击"线框"菜单中 ⊕ 命令，输入 [直径(D): 10.0]，然后再按空格键，键盘直接输入圆心坐标值 [0,-12.5,20]，按 Enter 键确定，再单击 ⊘ 确定。单击"转换"菜单中的"平移"命令 ⌐↗，系统提示 [平移/阵列:选择要平移/阵列的图素]，鼠标选择所画圆，单击按钮 [⊘ 结束选择] 或按 Enter 键确定，系统弹出平移对话框，设置平移参数，如图 2-1-6 所示，再点击 ⊘ 确定。重复平移命令，平移所画两圆，设定平移参数，如图 2-1-7 所示，平移后图形如图 2-1-8 所示。

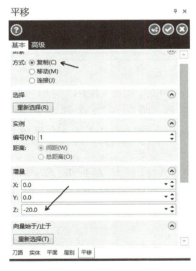

图 2-1-6

图 2-1-7

④ 3D 连线。单击"线框"菜单中"绘线"命令 ╱，设置"连续线"管理框的参数如图 2-1-9 所示，系统提示 [指点第一个端点]，将鼠标移至图形对象所需的连线位置，系统将自动捕捉线段的端点、中点、中心点等特殊点。在本图上是上下两圆的四等分点，在所需点位单击，系统提示 [指定第二个端点]，再单击另一所需点位，完成连线。重复连线，最后单击 ⊘ 确定，

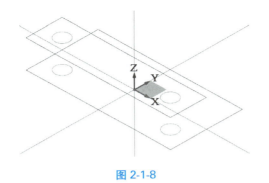

图 2-1-8

如图 2-1-10 所示。

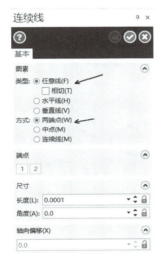

图 2-1-9

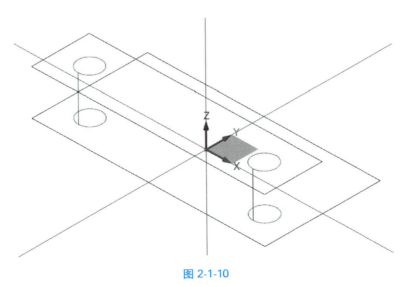

图 2-1-10

2. 绘制侧壁轮廓

① 绘制与 100×50 矩形框线垂直直线。设置"视图"菜单"屏幕视图"模块中的"等视图"为"绘图平面：右视图"，设置构图深度 Z ▢0.0▢。单击"线框"菜单"连续线"命令 ╱，进入直线绘制。单击 100×50 矩形框线中点，作为该直线的第一点，在"连续线"管理框设置长度为 60，角度为 90，单击 ◉ 确定，如图 2-1-11 所示，矩形框线垂直直线如图 2-1-12 所示。

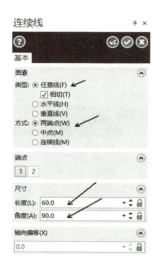

图 2-1-11

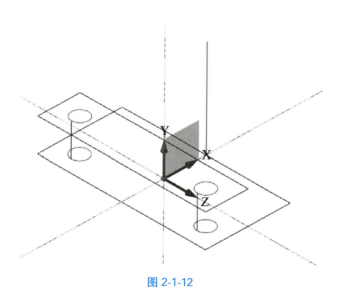

图 2-1-12

② 绘制与 100×25 矩形框线成 75°角斜线。重复"连续线"命令，单击 100×25 矩形框线中点作为直线第一点，"连续线"管理框设置角度为 75，确定直线角度，在图形窗口合

适的位置单击,确定直线第二点位置,如图 2-1-13 所示,单击 ✓ 确定。

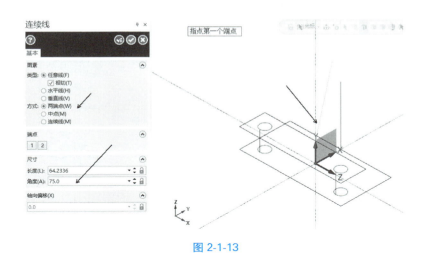

图 2-1-13

③ 过垂直线顶点绘制与 100×50 矩形框平行且与斜线相交直线。重复"连续线"命令,单击垂直线顶点作为直线第一点,输入直线极坐标参数角度为 180,确定直线角度,在图形窗口合适位单击,使该线与斜线相交,确定直线第二点位置,单击 ✓ 确定,如图 2-1-14 所示。

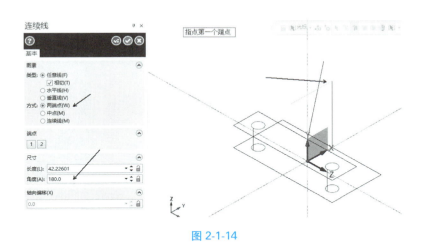

图 2-1-14

④ 直线修剪与平移。单击"线框"菜单"修剪到图素"命令 ✂,设置参数如图 2-1-15 所示。当前为修剪两物体状态,系统提示 选择图素去修剪或延伸 ,单击所需修剪直线的保留部分,如图 2-1-16 所示箭头位置,单击 ✓ 确定,如图 2-1-17 所示。平移侧壁轮廓线图素,单击"转换"菜单中的"平移"命令 ➹,系统提示 平移/阵列选择要平移阵列的图素 ,选择刚画的三条线,然后单击 ✓结束选择 ,平移设置如图 2-1-18 所示,平移后如图 2-1-19 所示。

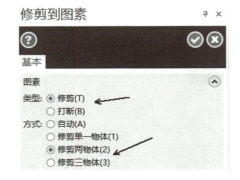

图 2-1-15

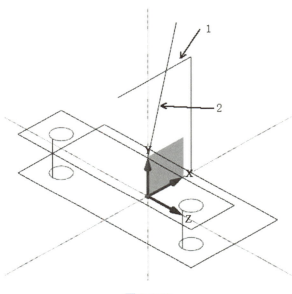

图 2-1-16

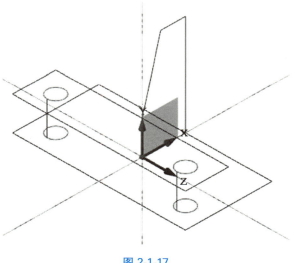

微视频

"直线"命令
绘制侧壁
断面

图 2-1-17

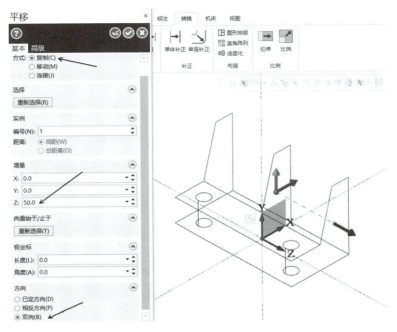

图 2-1-18

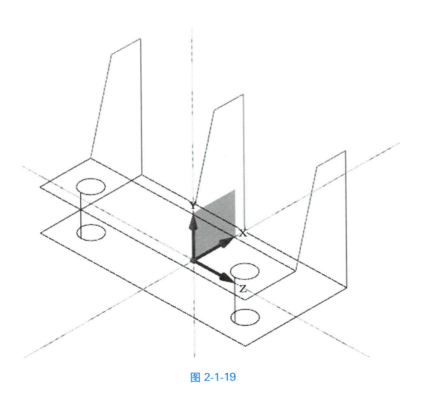

图 2-1-19

⑤ 3D 连线。将侧壁轮廓顶点用"直线"命令直接抓点连接，如图 2-1-20 所示。

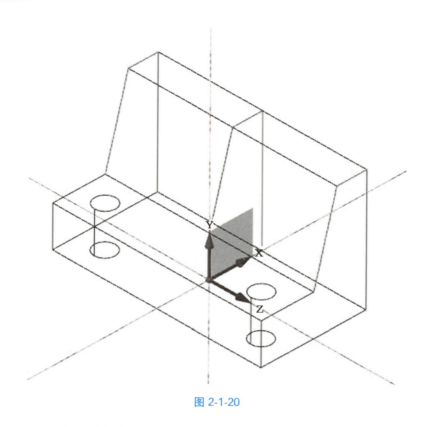

微视频

"平移"命令
绘制侧壁

图 2-1-20

3. 绘制侧壁槽轮廓

① 画直线。设置"视图"菜单"屏幕视图"模块"等视图"为"绘图平面：右视图"，设置构图深度 Z 0.0 ⬇。单击"线框"菜单"连续线"命令 ╱ ，进入直线绘制。系统提示 指点第一个端点 输入直线第一点坐标 25,40.0 ，按 Enter 键确定，系统提示 指定第二个端点 输入第二点角度值 角度(A): 180.0 ，移动鼠标在图形窗口合适位置单击确定第二点位置，如图 2-1-21 所示，最后单击 ✅ 确定。第二点操作也可直接使用鼠标操作，当光标出现垂直符号时标明和其中一根轴正交。

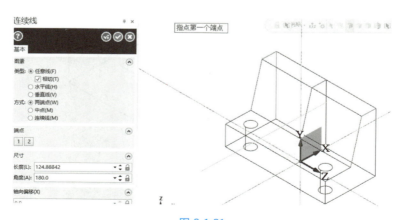

图 2-1-21

② 直线修整与平移。设置"视图"菜单"屏幕视图"模块"等视图"为"绘图平面：右视图"，单击"线框"菜单"修剪到图素"命令 ✂，设置参数如图 2-1-15 所示。当前为修剪两物体状态，系统提示 选择图素去修剪或延伸 ，单击所需修剪直线的保留部分，如图 2-1-22 所示箭头位置，最后单击 ✅ 确定，如图 2-1-23 所示。单击"线框"菜单"修剪到图

微视频

"修整"命令

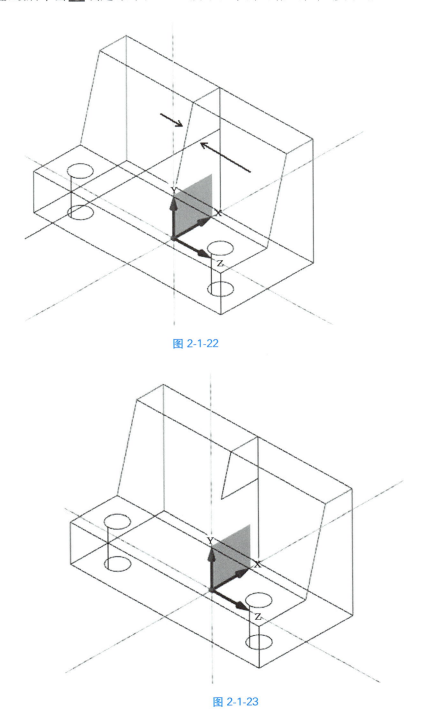

图 2-1-22

图 2-1-23

素"命令 ⟍，设置参数如图 2-1-24 所示，系统提示 选择图素去修剪或延伸 ，单击所需修剪直线的保留部分，按图 2-1-25 的箭头位置和选择顺序所示，最后单击 ✅ 确定，如图 2-1-26 所示。

　　平移梯形图素，单击"转换"菜单"平移"命令 ⤢，系统提示 平移/阵列 选择要平移/阵列的图素 ，选择刚修剪好的四条梯形线，然后单击 ✅ 结束选择 按钮，平移设置如图 2-1-27 所示，单击 ✅ 确定，如图 2-1-28 所示。

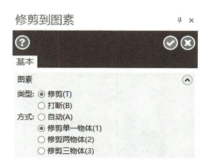

图 2-1-24

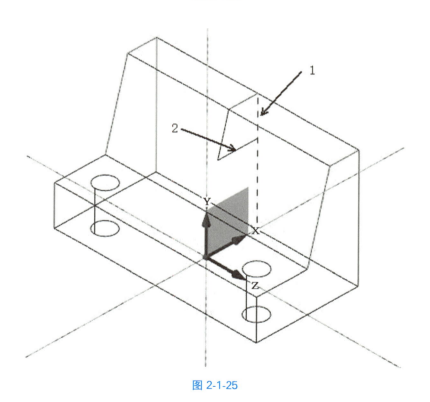

图 2-1-25

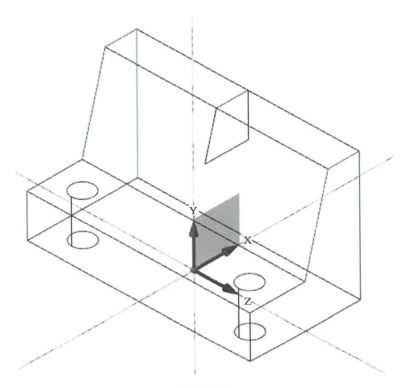

图 2-1-26

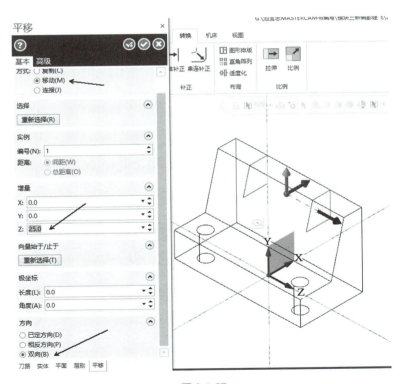

图 2-1-27

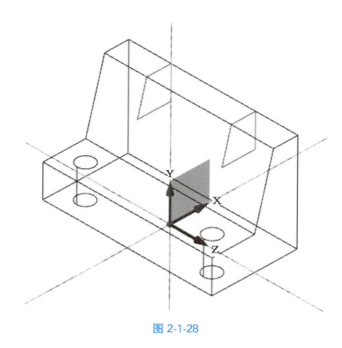

图 2-1-28

③ 3D 连线。单击"线框"菜单"连续线"命令 ╱ ,进入直线绘制。连接两梯形下顶点,最后单击 ◉ 确定,如图 2-1-29 所示。

④ 直线修剪。单击"线框"菜单"分割"命令 ╳ ,选择所需删除图素,选中图素呈虚线状,如图 2-1-30 所示,最后单击 ◉ 确定,如图 2-1-31 所示。

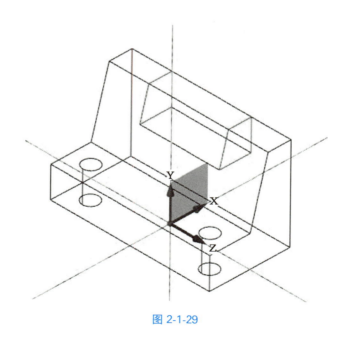

图 2-1-29

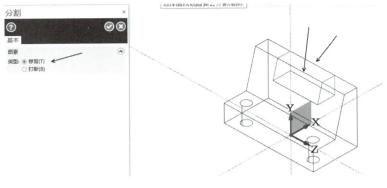

图 2-1-30

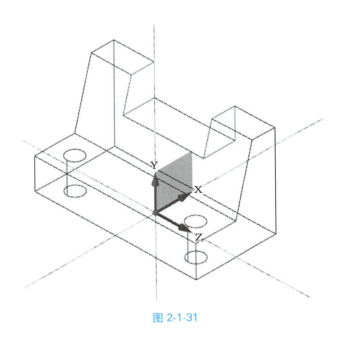

图 2-1-31

4. 绘制两个五角星

① 上表面的五角星图案。设置"视图"菜单"屏幕视图"模块"等视图"为"绘图平面：俯视图"，单击"线框"菜单"连续线"命令 ，进入直线绘制。连接两线中点，最后单击 确定，如图 2-1-32 所示。

单击"线框"菜单"已知点画圆"命令 ，进入圆绘制，如图 2-1-33 所示，按图上序号顺序单击相应点，最后单击 确定，完成圆的绘制。

单击"线框"菜单"多边形"命令，进入多边形绘制，如图 2-1-34 所示，系统提示 选择基准点 ，选择圆心点，再选择直线端点，如图 2-1-35 序号所示，相关参数设置也依图中所示，最后单击 确定，完成五角星的绘制。

单击"线框"菜单"连续线"命令 ，进入直线绘制，连接五角星的各线段，单击 确定，如图 2-1-36 所示。

单击"线框"菜单"分割"命令 ✕ ,选择所需删除图素,选中图素呈虚线状,如图 2-1-37 所示,最后单击 ✓ 确定,如图 2-1-38 所示。继续执行"分割"命令,完成后如图 2-1-39 所示。

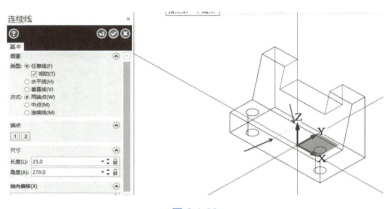

图 2-1-32

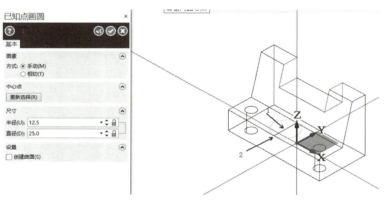

图 2-1-33

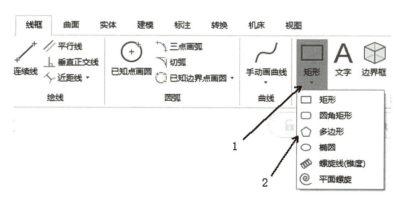

图 2-1-34

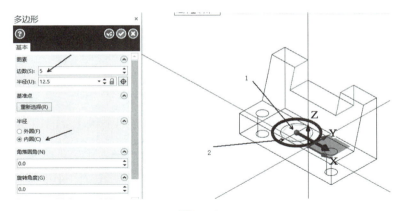

图 2-1-35

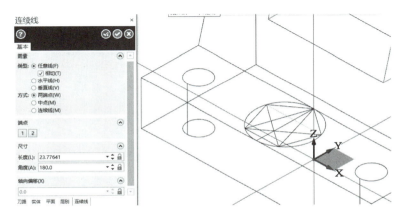

图 2-1-36

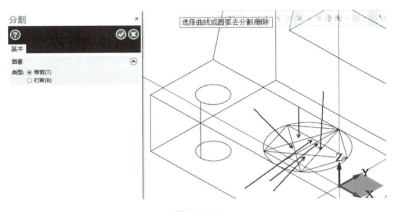

图 2-1-37

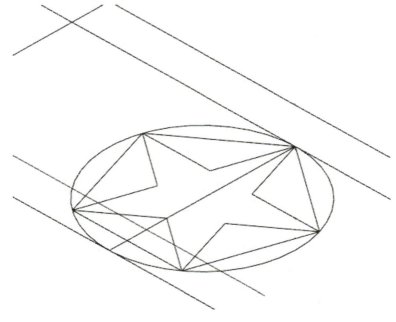

图 2-1-38

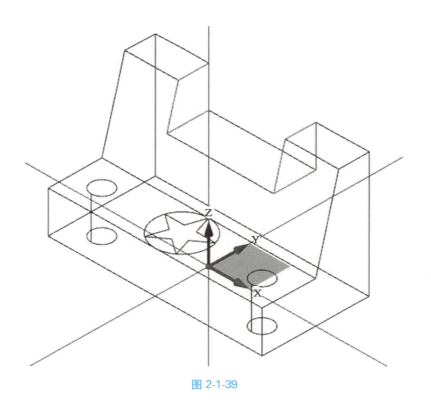

图 2-1-39

微视频

多种"编辑"
命令绘制
五角星

② 前侧面上的五角星图案。设置"视图"菜单"屏幕视图"模块"等视图"为"绘图平面：前视图"，重复以上操作，在前侧面上画出五角星，如图 2-1-40 所示。

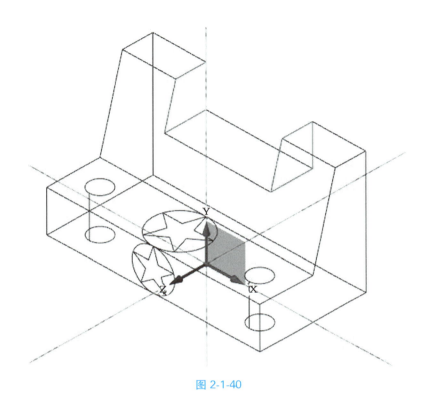

微视频

绘制前视图
中五角星

图 2-1-40

5. 保存文件

完成图形绘制后，保存文件，文件名为"五角星三维线框"。

提示：

在 Mastercam 2020 中进行 3D 线框造型时，要注意绘图面及绘图深度的设置，用相同命令进行图素绘制，在不同绘图面及绘图深度所形成的图形对象是不同的。

◆ **拓展训练**

尝试在右侧画上五角星，绘图面选择右视图，如图 2-1-41 所示。

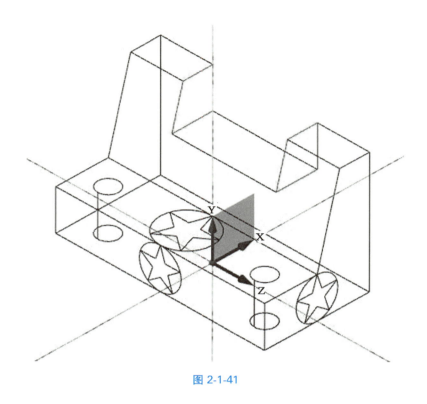

图 2-1-41

◆　**思考与练习**

创建图 2-1-42 所示的 3D 线框图,创建过程参考图 2-1-43。

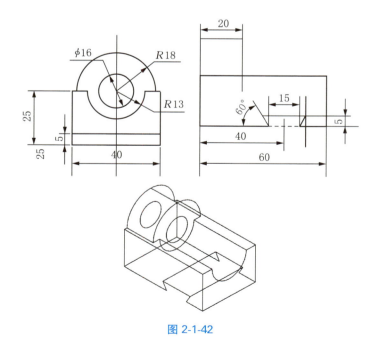

图 2-1-42

微视频

思考与练习

图 2-1-43

◆ **任务评价**

表 2-1-1 任务自我评价表

任务名称：				班级：		姓名：		
序号	评价项目	评价要求	设计参数	实际参数	完成度	是否完成	备注	是否需要帮助
1	识图	准确识别图素					识别图素数量与图形图素一致为完成	
2	绘图步骤设计	设计步骤与实际步骤是否一致	设计步骤（ ）	实际步骤（ ）			一致为完成	
3	用时	规定用时（ ）	计划用时（ ）	实际用时（ ）			实际用时在规定用时内为完成	
4	图形准确性	图形尺寸检查		与原图一致性			对比标注数据，完全正确为完成	
5	合作与沟通	是否独立完成	是		否		完成所有描述，则完成该项	
			独立完成部分描述					
			是否讨论					
			讨论参与人员					
自我评价（100字以内，描述学习到的新知与技能，需要提升或获得的帮助）： 								
是否完成判定： 								
							日期：	

任务 2.2 束腰花瓶曲面的数字化设计

◆ **任务目标**

通过本任务的练习,掌握创建举升、直纹曲面的方法和过程。增强对两种曲面的认识:举升曲面光滑圆润,直纹曲面棱角分明。

◆ **任务引入**

完成如图 2-2-1 所示束腰花瓶曲面练习图形的绘制。

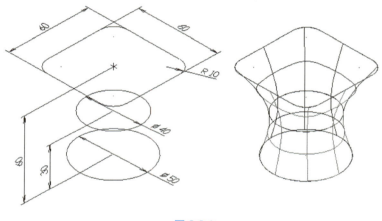

图 2-2-1

◆ **任务分析**

如图 2-2-1 所示,该曲面的截面线框有 3 个基本图形,分别处于同一平面的不同绘图深度。首先创建 3 个截面线框图,然后要把各线框分成相同的段数,因矩形线框原来由八段组成,先把四条直线段在中间打断,共有 12 段;再把每个圆线框分成 12 段,就可完成束腰花瓶曲面的创建。

◆ **相关新知**

举升曲面和直纹曲面的创建有着共同的特征,它们都是由指定曲面的多个截面外形轮廓以熔接的方式而形成的。不同的是,举升曲面以抛物线熔接,而直纹曲面以直线方式熔接。

由于举升曲面和直纹曲面是通过截面线框相熔接的方式而形成的,即不同截面线框的起点连在一起,并按一定的算法连下去直至终点结束。因此创建曲面时要让系统知道每个线框的起点、终点及连接方向。一般情况下要求选择的各个截面线框要按顺序、同起点、同方向（选取时会出现箭头来进行判断）、相同的段数，否则将不能生成曲面或生成的曲面会发生扭曲。

至少需要多于两个截面外形才能显示出举升曲面的特殊效果，如果外形数目是 2，则得到的举升曲面和直纹曲面是一样的，是一个"线性式"的顺接曲面；当外形数目超过 2 时，则产生一个"抛物线"的顺接曲面，因此举升曲面比直纹曲面更加光滑。

◆　**任务实施**

1. 创建三维线框

① 打开 Mastercam 2020，选择"视图"菜单"屏幕视图"模块中的"俯视图"，图形窗口右下角提示为"绘图平面：俯视图"，在状态栏中设置构图深度 Z 0.0 ，这些设置一般为系统默认设置。

② 创建 φ50 mm 的圆。单击"线框"菜单中的 ⊙ 命令，输入 直径(D): 50.0 ，按空格键，输入圆心坐标值 0,0,0 ，按 Enter 键确定，单击 ✅ 确定，如图 2-2-2 所示。

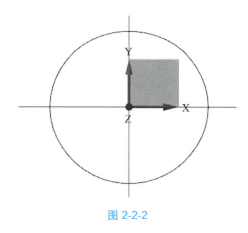

图 2-2-2

③ 创建 φ40 mm 的圆。单击"线框"菜单中的 ⊙ 命令，输入 直径(D): 40.0 ，按空格键，输入圆心坐标值 0,0,30 ，按 Enter 键确定，单击 ✅ 确定，如图 2-2-3a 所示，单击"视图"菜单"屏幕视图"模块"等视图"命令，如图 2-2-3b 所示。

④ 创建带倒圆角的矩形 60×60。单击"线框"菜单中的 □ 命令按钮，设置宽度(W): 60.0 和 高度(H): 60.0 并选择 ☑ 矩形中心点(A) ，此时矩形的定位是以矩形中心点坐标为基准，绘图窗口出现提示栏 选择基准点。 ，按空格键，输入坐标值 0,0,60 ，按 Enter 键确定，单击 ✅ 确定，如图 2-2-4 所示。

单击"线框"菜单中的"图素倒圆角"命令 ⌒ ，设置参数如图 2-2-5 所示，设置半径为 10，在需要修剪的图素前打勾，然后再分别单击需要倒圆角的两条边，就可以把圆角画出来，当四个角都倒圆角后，单击 ✅ 确定，如图 2-2-6 所示。

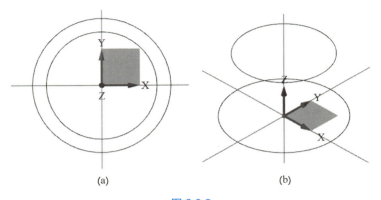

(a)　　　　　　　　　　　(b)

图 2-2-3

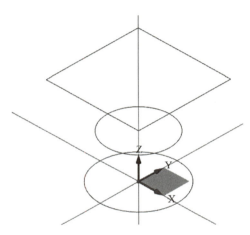

图 2-2-4

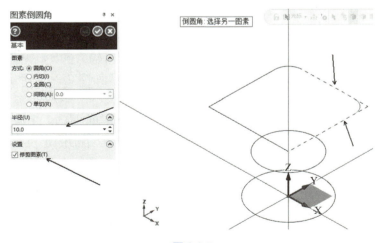

图 2-2-5

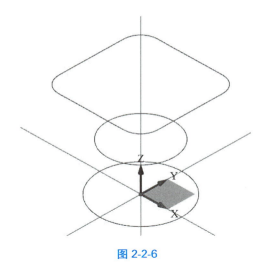

图 2-2-6

2. 把三个三维线框打断

单击"线框"菜单中的"两点打断"命令 ✕，单击矩形线框的直线段，在中间打断，如图 2-2-7 所示，把四条线全部打断。按 Esc 键，退出该命令。

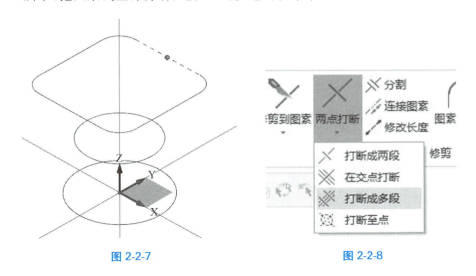

图 2-2-7　　　　　　　　　　　　　　图 2-2-8

单击"线框"菜单中的"打断成多段"命令，如图 2-2-8 所示，系统提示 选择图素打断或延伸 ，选择 φ50 的圆和 φ40 的圆，单击 ⊘结束选择 ，弹出"打断成若干断"对话框，设置如图 2-2-9 所示，设置数量为 12，类型为创建曲线，设置原始曲线为删除，单击 ⊘ 确定。

3. 创建举升曲面

单击"视图"菜单"屏幕视图"模块中的"俯视图"命令 ⬢ ，选择"曲面：举升" ▥ ，系统提示

> 举升曲面：定义 外形 1
> 选择图素以开始新串连。
> 按住 Shift 同时单击以选择相切图素。

同时弹出"线框串连"对话框，如图 2-2-10 所示，依次单击 φ50 的圆、φ40 的圆和矩形靠近 X 轴的上侧，出现箭头如图 2-2-11 所示，单击"线框串连"对话框 ⊘ 确定，选择类型为举

升,如图 2-2-12 所示,单击 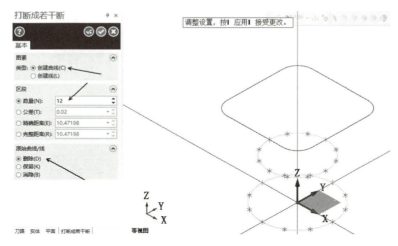 确定。单击"视图"菜单"屏幕视图"模块中的"等视图"命令,如图 2-2-13 所示。

图 2-2-9

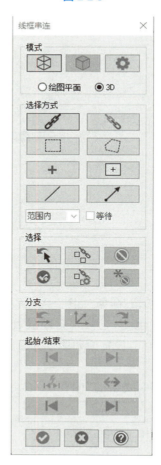

图 2-2-10

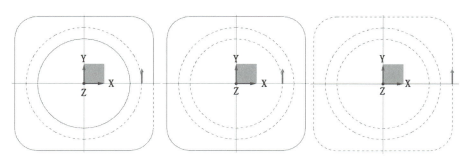

图 2-2-11

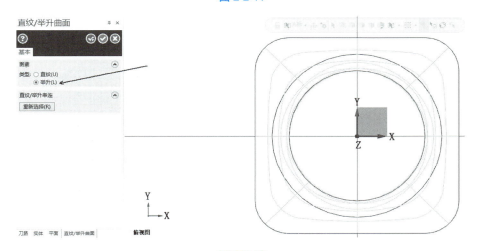

图 2-2-12

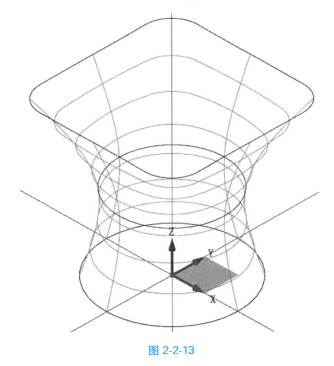

微视频

"举升"命令
绘制三维
曲面

图 2-2-13

4. 改变外观（图形渲染、着色）

单击"视图"菜单"外观"中的"线框"命令 ⊕  ；"边框着色"命令

 ；"材料"命令 ，尝试选择不同的外观，如图 2-2-14 和 2-2-15 所示。

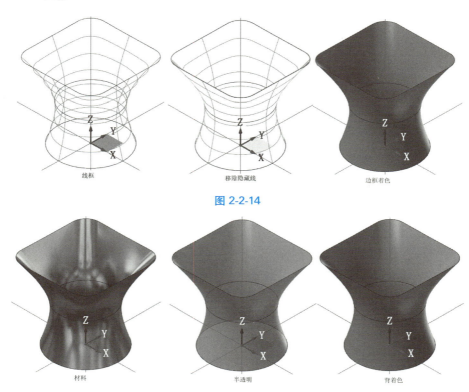

图 2-2-14

图 2-2-15

5. 保存文件

完成图形绘制后，需要用"另存为"命令保存文件，文件名为"束腰花瓶曲面"。

微视频

保存文件

◆ **拓展训练**

1. 本例中创建了举升曲面，选择的类型是举升，请试着修改类型为直纹，比较两曲面图形连接的差别。获得的直纹曲面如图 2-2-16 所示。

2. 改变三条曲线的选择顺序（圆 $\phi40$→圆 $\phi50$→矩形 60×60），得到不同的举升曲面和直纹曲面，如图 2-2-17 和图 2-2-18 所示。

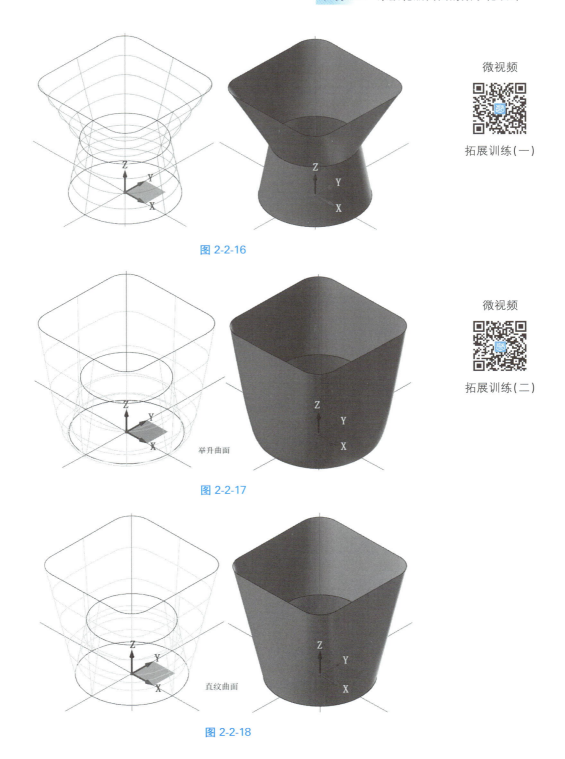

图 2-2-16

微视频

拓展训练(一)

举升曲面

图 2-2-17

微视频

拓展训练(二)

直纹曲面

图 2-2-18

◆　**思考与练习**

1. 完成如图 2-2-19 所示图形举升/直纹曲面创建。

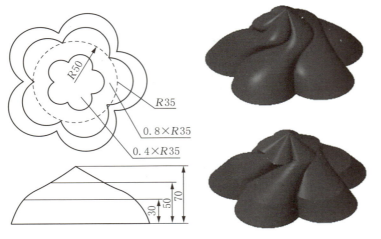

微视频

思考与练习

图 2-2-19

◆ **任务评价**

表 2-2-1 任务自我评价表

任务名称：				班级：		姓名：		
序号	评价项目	评价要求	设计参数	实际参数	完成度	是否完成	备注	是否需要帮助
1	识图	准确识别图素					识别图素数量与图形图素一致为完成	
2	绘图步骤设计	设计步骤与实际步骤是否一致	设计步骤（ ）	实际步骤（ ）			一致为完成	
3	用时	规定用时（ ）	计划用时（ ）	实际用时（ ）			实际用时在规定用时内为完成	
4	图形准确性	图形尺寸检查		与原图一致性			对比标注数据，完全正确为完成	
5	合作与沟通	是否独立完成	是		否		完成所有描述，则完成该项	
			独立完成部分描述					
			是否讨论					
			讨论参与人员					

自我评价（100字以内，描述学习到的新知与技能，需要提升或获得的帮助）：

是否完成判定：

日期：

任务 *2.3*　四缀面曲面的数字化设计

◆　**任务目标**

通过本任务的练习,掌握创建网格曲面的方法和过程,培养处理工作任务时的细心和耐心,并认识到任何一个曲面都是由细小的缀面组合而成的,培养从小处着眼,做好每一件小事的能力。

◆　**任务引入**

完成如图 2-3-1 所示图形的绘制。

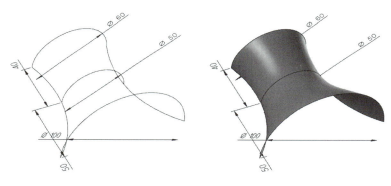

图 2-3-1

◆　**任务分析**

在 Mastercam 2020 中,要生成如图 2-3-1 所示网格曲面,只需画出该曲面的缀面封闭线。形成该曲面的缀面有好多个,边界线由 4 条圆弧线组成,中间还有一条圆弧线,控制曲面的形状,即可完成该网格曲面的创建。

◆　**相关新知**

网格曲面即老版本 Mastercam 中的昆氏曲面,昆氏曲面是指由 4 个或 4 个以上的边界线熔接许多缀面而构成的曲面。通常情况下,至少需要选取 2 条引导方向的曲线链和 2 条截断方向的曲线链,构成一个有四条边的封闭区域生成昆氏曲面。

在 Mastercam 中,将每个曲面视为有四个边界轮廓所围成,边界轮廓可以是点、线或多段线。昆氏曲面就是利用这种思想创建出来的。在昆氏曲面中一个大曲面由无数个这样的小曲面组合而成,而这种小曲面是构成昆氏曲面的基本单元,称之为缀面。昆氏曲面最大的优点是熔接性好,拟合精度高,最终加工出来的曲面光滑。

但在 Mastercam 2020 中,对于引导方向和截断方向,在实际选取线段过程中,可以直接选择所有参与组成曲面的曲线,生成网格曲面。

◆　**任务实施**

1. 创建三维线框

① 打开 Mastercam 2020,单击"视图"菜单"屏幕视图"模块中的"前视图" 🔳 前视图 ,图形窗口右下角提示为"绘图平面:前视图",在状态栏中设置绘图深度 Z 0.0 ,这些设置一般为系统默认设置。

② 创建 $\phi60$ 的圆。单击"线框"菜单中的 ⊕ 命令,输入 直径(D): 60.0 ,系统提示 请输入圆心点 ,然后按空格键,输入圆心坐标值 0,0,0 ,按 Enter 键确定,单击 ✓ 确定。完成 $\phi60$ 圆的绘制,如图 2-3-2 所示。

以同样方法,绘制 $\phi50$ 的圆,圆心坐标为 (0,0,40);绘制 $\phi100$ 的圆,圆心坐标为 (0,0,90),如图 2-3-3a 所示,如图 2-3-3b 所示是等角视图状态。

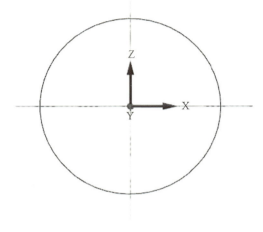

图 2-3-2

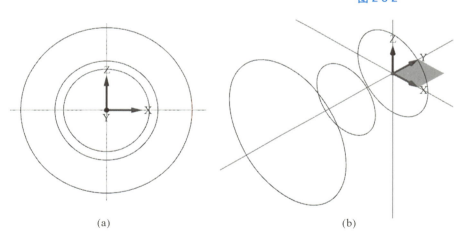

(a)　　　　　　　　　　　　　(b)

图 2-3-3

③ 单击"线框"菜单"两点打断"命令 ✕ ,系统提示 选择要打断的图素。 ,选择 $\phi60$ 的圆,系统提示 指定打断位置 ,单击 $\phi60$ 的圆与 X 轴相交的点 1,以同样操作,在点 2 处打断,如图 2-3-4 所示。

④ 以同样的操作,对 $\phi50$ 的圆和 $\phi100$ 的圆在相应的 3、4、5、6 点处进行打断,如图 2-3-5 所示。

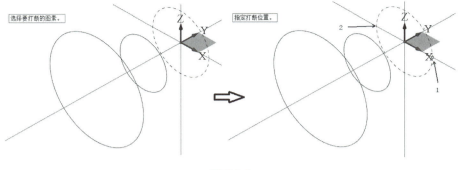

图 2-3-4

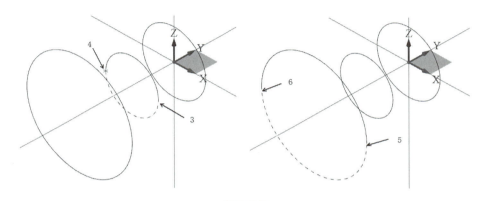

图 2-3-5

⑤ 单击"线框"菜单"分割"命令 ╳ ，系统提示 选择曲线或圆弧去分割/删除 ，点击三个圆的下半部分，删除圆的下半部分，单击 ◉ 确定，如图 2-3-6 所示。

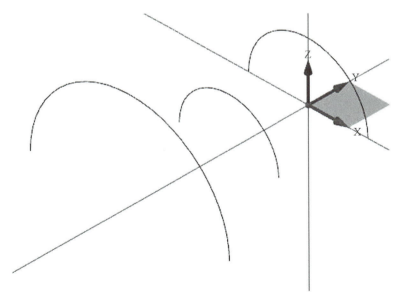

图 2-3-6

⑥ 单击"线框"菜单"三点画弧"命令，如图 2-3-7 所示，依次点击 1、2、3、4、5、6 点，得到两条圆弧，单击 ✅ 确定。至此，曲面三维线框已完成创建。

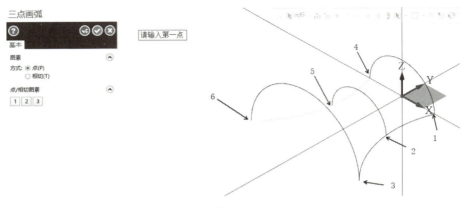

图 2-3-7

2. 创建网格曲面

单击"曲面"菜单"网格"命令 ⧉ ，系统提示 ，直接单击各线条，共五条，单击"线框串连"对话框的确定 ✅ ，如图 2-3-8 所示。生成的网格曲面如图 2-3-9 所示，如图 2-3-9a 所示为"显示线框" ⊕ 状态，如图 2-3-9b 所示为"边框着色" ⬤ 状态。单击 ✅ 确定，完成网格曲面的创建。

微视频

"线框"菜单
绘制三维
轮廓

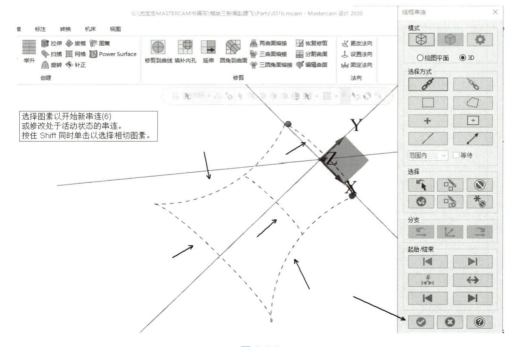

图 2-3-8

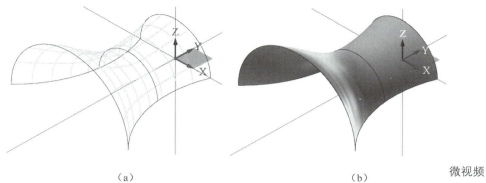

（a）　　　　　　　　　　　（b）

图 2-3-9

3. 保存文件

完成图形绘制后，保存文件，文件名为"网格曲面"。

◆ **拓展训练**

完成如图 2-3-10 所示图形的绘制。

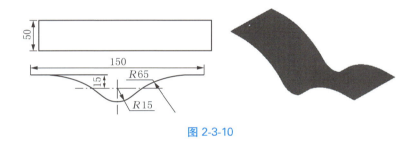

图 2-3-10

◆ **思考与练习**

1. 完成如图 2-3-11 所示图形网格曲面创建。

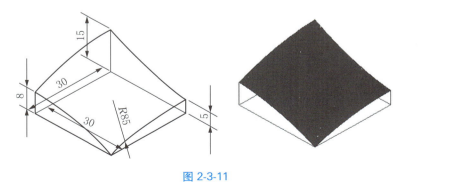

图 2-3-11

2. 完成如图 2-3-12 所示图形网格曲面创建。

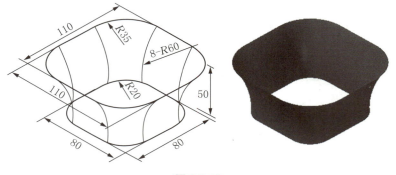

图 2-3-12

微视频

思考与练习
（二）

◆ **任务评价**

表 2-3-1　任务自我评价表

任务名称：				班级：			姓名：		
序号	评价项目	评价要求	设计参数	实际参数	完成度	是否完成	备注		是否需要帮助
1	识图	准确识别图素					识别图素数量与图形图素一致为完成		
2	绘图步骤设计	设计步骤与实际步骤是否一致	设计步骤（　）	实际步骤（　）			一致为完成		
3	用时	规定用时（　）	计划用时（　）	实际用时（　）			实际用时在规定用时内为完成		
4	图形准确性	图形尺寸检查		与原图一致性			对比标注数据，完全正确为完成		
5	合作与沟通	是否独立完成	是		否		完成所有描述，则完成该项		
			独立完成部分描述						
			是否讨论						
			讨论参与人员						
自我评价（100 字以内，描述学习到的新知与技能，需要提升或获得的帮助）：									
是否完成判定：									
								日期：	

任务 2.4　双圆头支架曲面的数字化设计

◆　**任务目标**

通过本任务的练习,掌握创建扫描曲面的方法和过程,提高对于扫描干涉的认识,认识到做事情在兼顾大局的同时,要学会运用多种思路,把事情做好。

◆　**任务引入**

完成如图 2-4-1 所示图形的绘制。

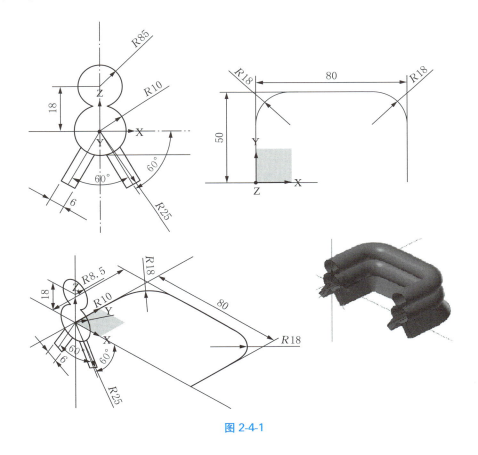

图 2-4-1

◆　**任务分析**

扫描曲面是指用一条截面线或线框沿轨迹移动所产生的曲面。如图 2-4-1 所示,该曲面的 3D 线框有 2 个基本图形,一个是截面线框图形,在前视图平面上,另一个是移动轨迹,在俯视图平面上。只需画出这两个线框图就可完成扫描曲面的创建。

◆　**相关新知**

　　截面线和轨迹线的形状都可以是任意的,但是截面线和轨迹线的数量只可能有两种情况:一是截面线可以是任意条,轨迹线只能有一条,如图 2-4-2 所示;二是截面线只有一条,轨迹线有两条,如图 2-4-3 所示。

　　扫描过程中,当轨迹线出现转折时,如果转折处没有圆弧过渡或圆弧过渡半径小于截面线最小半径时,在旋转模式下截面线会发生干涉,如图 2-4-4 所示。

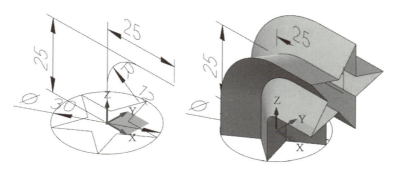

微视频

单轨迹线
扫描曲面
绘制

图 2-4-2　任意条截面线　一条轨迹线

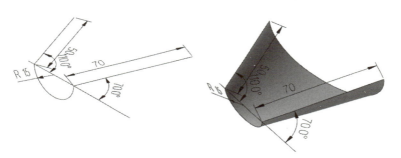

微视频

双轨迹线
扫描曲面
绘制

图 2-4-3　一条截面线　两条轨迹线

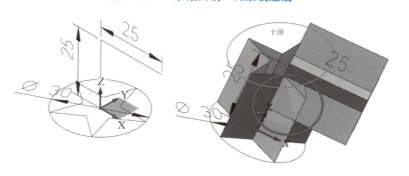

微视频

干涉扫描
曲面绘制

图 2-4-4　扫描干涉现象

◆　**任务实施**

1. 创建三维线框

① 打开 Mastercam 2020,单击"视图"菜单"屏幕视图"模块中的"前视图",图形窗口

右下角提示为"绘图平面：前视图"，在状态栏中设置构图深度 Z 0.0 ，这些设置一般为系统默认设置。

② 创建 R10 的圆。单击"线框"菜单中的 ⊕ 命令，输入 半径(U): 10.0 ，按空格键，输入圆心坐标值(0，0，0)；按 Enter 键确定，单击 ◉ 确定。完成 R10 圆的绘制，如图 2-4-5 所示。

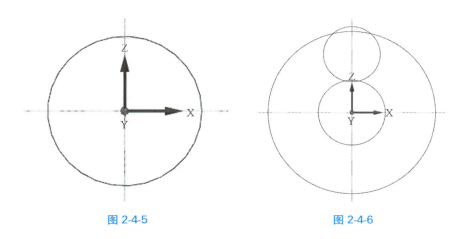

图 2-4-5　　　　　　　　　图 2-4-6

③ 创建 R8.5 和 R25 的圆。单击"线框"菜单 ⊕ 命令，输入 半径(U): 8.5 ，然后按空格键，输入圆心坐标值(0，18，0)，按 Enter 键确定，单击 ◉ 确定，完成 R8.5 圆的绘制。同样方法，圆心坐标为(0，0，0)，完成 R25 圆的绘制，如图 2-4-6 所示。

④ 绘制直线。单击"线框"菜单中的"连续线"命令 ╱，进入直线绘制。系统提示 指点第一个端点 ，单击坐标原点，然后设置长度为 30，角度为 240，按 Enter 键确定，单击 ◉ 确定，如图 2-4-7 所示。以同样方法，设置长度为 30，角度为 300。完成如图 2-4-8 所示。

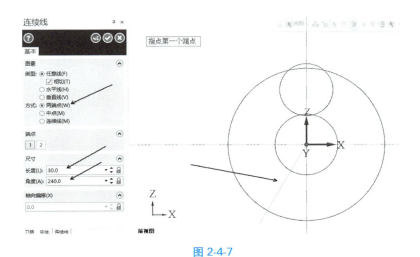

图 2-4-7

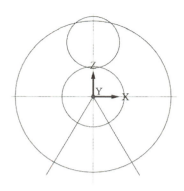

图 2-4-8

⑤ 绘制宽度为 6 的两支撑脚。单击"转换"菜单"单体补正"命令 ⊢ ，出现"偏移图素"管理框，系统提示 选择补正、线、圆弧、曲线或曲面曲线。，选择两条直线，设置参数，方式为复制；距离为 3；方向为双向，如图 2-4-9 所示，单击 ✅ 确定。

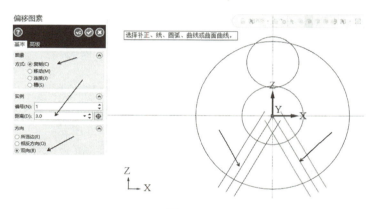

图 2-4-9

⑥ 修剪图素。单击"线框"菜单"分割"命令 ✕ ，系统提示 选择曲线或圆弧去分割/删除 ，选择要删除的图素，单击 ✅ 确定，如图 2-4-10 所示。

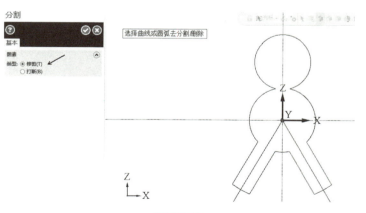

微视频

"线框"菜单绘制双圆头支架轮廓

图 2-4-10

⑦ 绘制引导线。单击"视图"菜单"屏幕视图"模块中的"俯视图",图形窗口右下角提示为"绘图平面:俯视图",在状态栏中设置构图深度 Z `0.0`，这些设置一般为系统默认设置。

单击"线框"菜单"连续线"命令 ✎，进入直线绘制。系统提示 指点第一个端点 ，设置方式为连续线;鼠标选取坐标原点,长度为 50,角度为 90,按 Enter 键确定;完成第一条线绘制,接着再设置长度为 80,角度为 0,按 Enter 键确定,完成第二条线绘制,接着再设置长度为 50,角度为 270,按 Enter 键确定,完成第三条线绘制。单击 ◉ 确定,如图 2-4-11 所示。

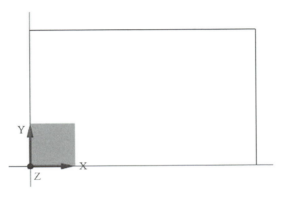

图 2-4-11

单击"线框"菜单"图素倒圆角"命令 ⌐ ,进入倒圆角绘制。系统提示 倒圆角:选择图素 ,设置方式为圆角;半径为 18;勾选修剪图素,如图 2-4-12 所示,单击 ◉ 确定。

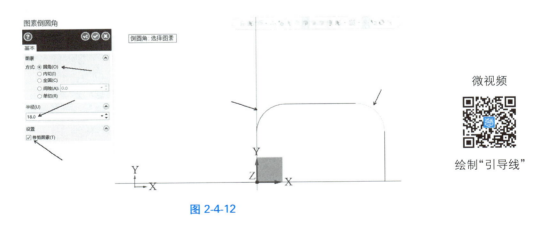

微视频

绘制"引导线"

图 2-4-12

2. 创建扫描曲面

创建扫描曲面,单击"视图"菜单"屏幕视图"模块中的"等视图";单击"曲面"菜单"扫描"命令 ✎ ,系统提示 扫描曲面:定义 截断方向外形 选择图素以开始新串连。 按住 Shift 同时单击以选择相切图素。 ,选择截断方向外开,是在前视图上画的较为复杂的图形,如图 2-4-13 所示,设置方式为旋转,单击"线框串连"对话框

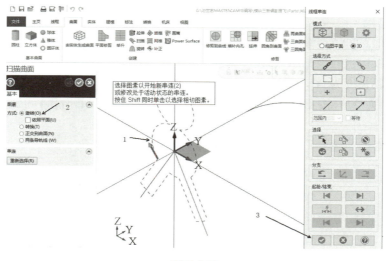确定。

图 2-4-13

系统提示
 扫描曲面:定义 引导方向外形
 选择图素以开始新串连。
 按住 Shift 同时单击以选择相切图素。 ，选择在俯视图上较为简单的线串，如图

2-4-14 所示，单击"线框串连"对话框 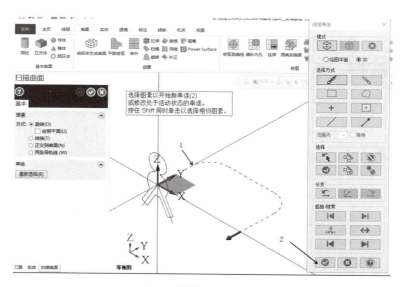 确定，单击"扫描曲面"管理框中 确定，如图 2-4-15 所示。

图 2-4-14

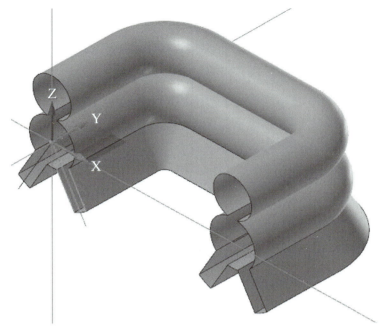

图 2-4-15

3. 保存文件

完成图形绘制后,保存文件,文件名为"扫描曲面"。

◆ **拓展训练**

在本例中,如果在扫描曲面框内,设置方式为选择转换,如图 2-4-16 所示。

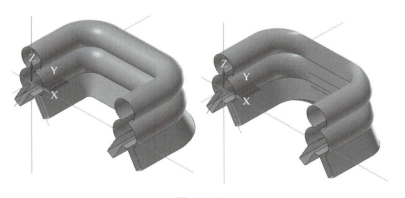

图 2-4-16

◆ **思考与练习**

1. 完成如图 2-4-17 所示扫描曲面图形的绘制。

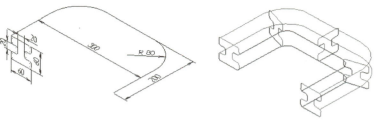

微视频

思考与练习
（一）

图 2-4-17

2. 完成如图 2-4-18 所示扫描曲面创建。（注意截断方向外形的起点，否则引起曲面的扭曲。）

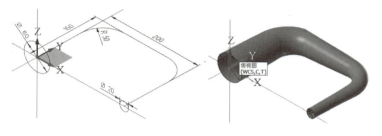

微视频

思考与练习
（二）

图 2-4-18

3. 完成如图 2-4-19 所示扫描曲面创建。

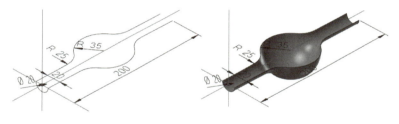

微视频

思考与练习
（三）

图 2-4-19

◆　**任务评价**

表 2-4-1　任务自我评价表

任务名称：				班级：			姓名：		
序号	评价项目	评价要求	设计参数	实际参数	完成度	是否完成	备注		是否需要帮助
1	识图	准确识别图素					识别图素数量与图形图素一致为完成		
2	绘图步骤设计	设计步骤与实际步骤是否一致	设计步骤（　）	实际步骤（　）			一致为完成		
3	用时	规定用时（　）	计划用时（　）	实际用时（　）			实际用时在规定用时内为完成		

续　表

序号	评价项目	评价要求	设计参数	实际参数	完成度/%	是否完成	备注	是否需要帮助
4	图形准确性	图形尺寸检查		与原图一致性			对比标注数据,完全正确为完成	
5	合作与沟通	是否独立完成	是		否		完成所有描述,则完成该项	
			独立完成部分描述					
			是否讨论					
			讨论参与人员					
自我评价(100 字以内,描述学习到的新知与技能,需要提升或获得的帮助):								
是否完成判定:								
							日期:	

任务 2.5　茶叶罐曲面的数字化设计

◆　任务目标

通过本任务的练习,掌握创建旋转曲面的方法和过程,认识到轮廓线要画得仔细,才能旋转出漂亮的图形。

◆　任务引入

完成如图 2-5-1 所示图形的绘制。

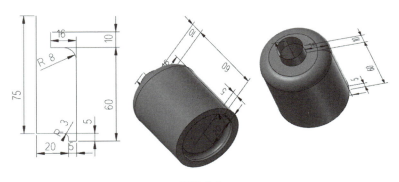

图 2-5-1

◆　**任务分析**

旋转曲面是指旋转体截面轮廓母线绕轴线做旋转运动产生的曲面,旋转曲面比其他曲面的创建要简单。如图 2-5-1 所示,该曲面的 3D 线框有 2 个基本图形,一个是旋转体截面轮廓母线,另一个是旋转轴,只需画出这两个图形就可完成创建。

◆　**相关新知**

Mastercam 中创建旋转曲面,只需要创建一个旋转体截面轮廓母线,然后指定旋转轴、方向、角度,就能自动完成旋转曲面。其中截面轮廓母线可以是一条线,也可以是多条线,旋转轴为一条直线。

◆　**任务实施**

1. 创建三维线框

① 打开 Mastercam 2020,单击"视图"菜单"屏幕视图"模块中的"前视图",图形窗口右下角提示为"绘图平面:前视图",在状态栏中设置绘图深度 Z [0.0 ▼],这些设置一般为系统默认设置。

② 绘制截面线。单击"线框"菜单"连续线"命令 ╱,进入直线绘制,设置方式为连续线。系统提示 指点第一个端点 ,单击坐标原点,然后设置长度为 20,角度为 0,按 Enter 键确定;然后设置长度为 5,角度为 270,按 Enter 键确定;然后设置长度为 5,角度为 0,按 Enter 键确定;然后设置长度为 60,角度为 90,按 Enter 键确定;然后设置长度为 16,角度为 180,按 Enter 键确定;然后设置长度为 10,角度为 90,按 Enter 键确定,单击 ⊘ 确定,如图 2-5-2 所示。

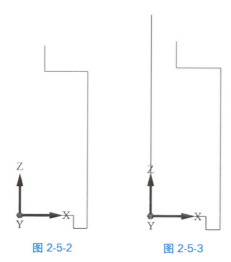

图 2-5-2　　　　　　图 2-5-3

③ 绘制旋转轴线。单击"线框"菜单"连续线"命令 ╱,进入直线绘制,设置方式为两端点。系统提示 指点第一个端点 ,单击坐标原点,然后设置长度为 75,角度为 90,按 Enter 键确定,单击 ⊘ 确定,如图 2-5-3 所示。

④ 截面图素倒圆角。单击"线框"菜单"图素倒圆角"命令 ╭,进入倒圆角绘制。系统提示 倒圆角:选择图素 ,设置方式为圆角,半径为 8,勾选修剪图素,单击两直线图素,如图 2-5-4

所示,单击 ✅ 确定。

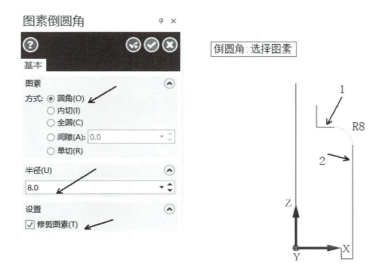

图 2-5-4

以同样的方法,设置半径为 3,进行倒圆角,如图 2-5-5 所示。

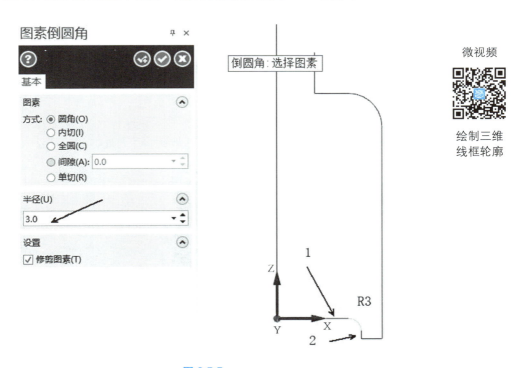

微视频

绘制三维
线框轮廓

图 2-5-5

2. 创建旋转曲面

创建旋转曲面,单击"视图"菜单"屏幕视图"模块中的"等视图",选择"曲面"菜单"旋转"命令,系统提示 选择轮廓曲线1 选择图素以开始新串连。 按住 Shift 同时单击以选择相切图素。 ,首先单击"线框串连"对话框中"部分串连"按钮 ,如位置1,然后单击截面线2的位置,再单击3的位置,选中所需要旋转的线串,然后单击"线框串连"对话框中 确定,如图 2-5-6 所示。

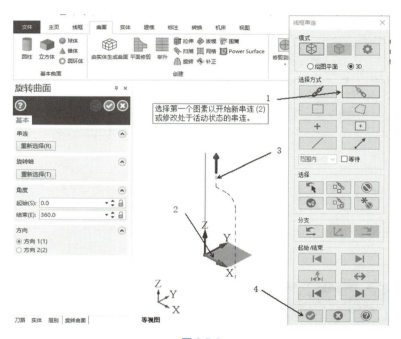

图 2-5-6

系统提示 选择旋转轴。 ,点击选择与 Z 轴重合的线,如图 2-5-7 所示,单击 确定。

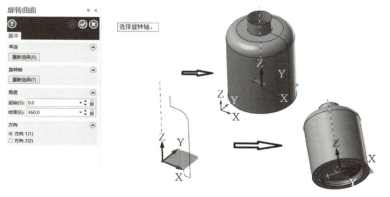

图 2-5-7

微视频

"旋转曲面"
命令绘制
三维曲面

3. 保存文件

完成图形绘制后，保存文件，文件名为"旋转曲面"。

◆ **拓展训练**

完成如图 2-5-8 所示旋转曲面图形的绘制。

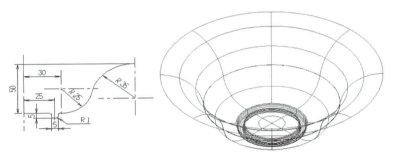

微视频

拓展训练

图 2-5-8

◆ **思考与练习**

完成如图 2-5-9 所示旋转曲面的创建。

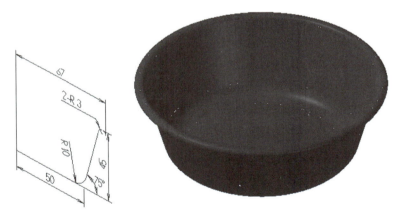

微视频

思考与练习

图 2-5-9

◆ **任务评价**

表 2-5-1　任务自我评价表

任务名称：			班级：			姓名：		
序号	评价项目	评价要求	设计参数	实际参数	完成度	是否完成	备注	是否需要帮助
1	识图	准确识别图素					识别图素数量与图形图素一致为完成	

续　表

序号	评价项目	评价要求	设计参数	实际参数	完成度	是否完成	备注	是否需要帮助
2	绘图步骤设计	设计步骤与实际步骤是否一致	设计步骤（　）	实际步骤（　）			一致为完成	
3	用时	规定用时（　）	计划用时（　）	实际用时（　）			实际用时在规定用时内为完成	
4	图形准确性	图形尺寸检查		与原图一致性			对比标注数据，完全正确为完成	
5	合作与沟通	是否独立完成	是		否		完成所有描述，则完成该项	
			独立完成部分描述					
			是否讨论					
			讨论参与人员					

自我评价(100字以内，描述学习到的新知与技能，需要提升或获得的帮助)：

是否完成判定：

日期：

任务 2.6　圆角方盘曲面的数字化设计

◆　任务目标

　　通过本任务的练习，掌握创建牵引曲面的方法和过程，学会"平面修剪"命令的运用，把底平面曲线也做成平面，能够根据简单的两个以上曲线形成复杂的曲面，掌握用简单曲线获得较为复杂曲面的能力，体会由简入繁的过程。

◆　任务引入

　　完成如图 2-6-1 所示牵引曲面图形的绘制。

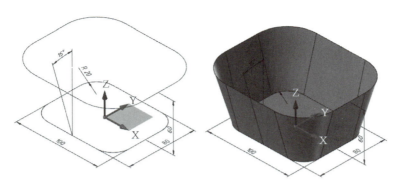

图 2-6-1

◆ **任务分析**

如图 2-6-1 所示,该曲面的截面线框为底面圆角矩形轮廓,只需画出底面截面线框图,指定向上轨迹就可完成牵引曲面的创建。

◆ **相关新知**

牵引曲面是利用物体的截面外形轮廓线沿着某一指定轨迹(方向)进行笔直拉伸而产生的曲面。牵引曲面与扫描曲面的不同在于:扫描曲面适用于任意截面形状,且轨迹线是画好的图素;而牵引曲面并不适用于所有截面形状,轨迹线只是一段不可见的直线。

由于牵引曲面是利用物体的截面外形轮廓线进行拉伸的,在进行三维线框创建时,只需创建物体的外形轮廓截面线,一般情况下,该轮廓线为 2D 图形。Mastercam 2020 在牵引曲面的创建过程中提供了两种创建方式:一种是根据长度来指定牵引轨迹,如图 2-6-2 所示;另一种是根据平面来指定牵引轨迹。在使用平面创建牵引曲面时,单击 🔳 按钮出现平面选择选项对话框,用来设定牵引曲面末端位置、图形视角及牵引方向,如图 2-6-3 所示。

◆ **任务实施**

1. 创建三维线框

① 打开 Mastercam 2020,单击"视图"菜单"屏幕视图"模块中的"俯视图",图形窗口右下角提示为"绘图平面:俯视图",在状态栏中设置构图深度 ᶻ `0.0` ⌄ ,这些设置一般为系统默认设置。

② 创建 1×80 的矩形,倒圆角 $R20$。单击"线框"菜单"圆角矩形"命令 ⬜,如图 2-6-4 所示,系统提示 选择基准点。,单击原点,设置相关参数如图 2-6-5 所示,单击 ✅ 确定。

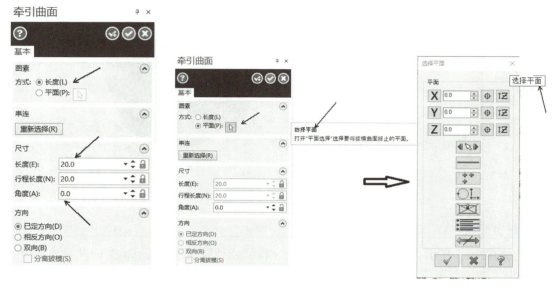

图 2-6-2   图 2-6-3

图 2-6-4

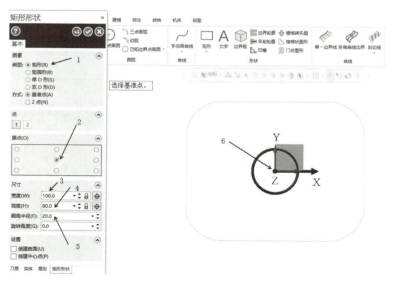

图 2-6-5

2. 创建牵引曲面

单击"视图"菜单"屏幕视图"模块中的"等视图"，单击"曲面"菜单"拔模"命令，系统提示 选择直线、圆弧或样条曲线。 1
选择图素以开始新串连。
按住 Shift 同时单击以选择相切图素。 ，单击圆角矩形线框，单击"线框串连"对话框 ⊙ 确
定，然后设置如图 2-6-6 中所示，单击 ⊘ 确定。

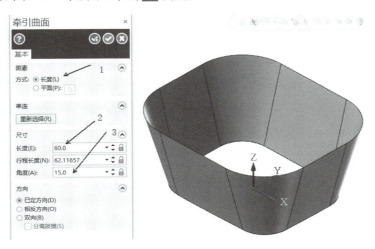

图 2-6-6

单击"曲面"菜单"修剪平面"命令，系统提示 选择要定义平面边界串连 1
选择图素以开始新串连。
按住 Shift 同时单击以选择相切图素。 ，单击
圆角矩形线框，单击"线框串连"对话框 ⊙ 确定，单击 ⊘ 确定，如图 2-6-7 和图 2-6-8
所示。

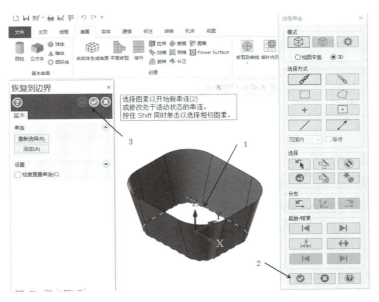

图 2-6-7

微视频

"牵引曲面"
命令绘制
圆角方盘

图 2-6-8

◆ **拓展训练**

改变牵引曲面的设置中角度的大小,获得曲面的倾斜方向不同,如图 2-6-9 所示。

微视频

拓展训练

图 2-6-9

◆ **思考与练习**

完成如图 2-6-10 所示图形牵引曲面创建。

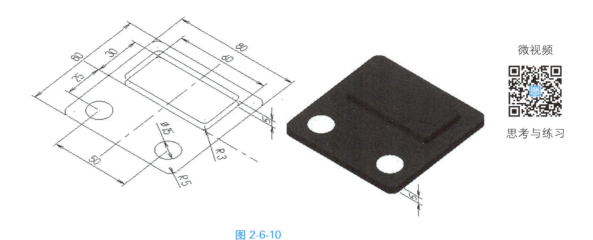

微视频

思考与练习

图 2-6-10

◆ **任务评价**

表 2-6-1　任务自我评价表

任务名称：				班级：		姓名：		
序号	评价项目	评价要求	设计参数	实际参数	完成度	是否完成	备注	是否需要帮助
1	识图	准确识别图素					识别图素数量与图形图素一致为完成	
2	绘图步骤设计	设计步骤与实际步骤是否一致	设计步骤（ ）	实际步骤（ ）			一致为完成	
3	用时	规定用时（ ）	计划用时（ ）	实际用时（ ）			实际用时在规定用时内为完成	
4	图形准确性	图形尺寸检查		与原图一致性			对比标注数据，完全正确为完成	
5	合作与沟通	是否独立完成	是		否		完成所有描述，则完成该项	
			独立完成部分描述					
			是否讨论					
			讨论参与人员					
自我评价(100 字以内，描述学习到的新知与技能，需要提升或获得的帮助)：								
是否完成判定：								
							日期：	

任务2.7　鼠标模型的数字化设计

◆　**任务目标**

本任务是一个综合性比较强的数字化设计,涵盖了很多曲面造型命令和曲面修整命令,有利于理解和掌握各种曲面命令。通过本任务的学习,可以加强对较为复杂模型设计的掌握,尤其是对倒圆角等细节方面的把控,从而对数字化设计有一个全新的认识,培养大局观和细节观。

◆　**任务引入**

完成如图 2-7-1 所示鼠标曲面图形的绘制。

图 2-7-1

◆　**任务分析**

如图 2-7-1 所示,鼠标曲面图形是由多个基本曲面组合而成,然后对这些曲面进行编辑,如倒圆角、曲面补正、曲面修剪等操作,最后完成鼠标模型的创建。

◆　**相关新知**

设计三维曲面先要进行常规曲面的创建,再进行曲面修整,以达到预期的效果。Mastercam 2020 提供了多种曲面修整操作,如曲面补正、曲面倒圆角、曲面修剪等。

　　1.“曲面补正”命令

曲面补正指的是将曲面沿法线方向移动一段指定的距离,即曲面偏置。

如图 2-7-2 所示图形的曲面补正,操作步骤如下。

单击"曲面"菜单"补正"命令 ，系统提示 选择要补正的曲面或按 [Enter] 继续。 ，单击如图 2-7-2 所示的曲面，然后单击 结束选择 按钮，设置补正距离为 10，如图 2-7-3 所示。如果对补正的方向需要调整，可单击"单一切换"按钮，然后再单击图上的箭头就可切换；或单击"循环/下一个"按钮，然后单击 ⟵　⟶ 按钮，完成方向的切换。单击 ✓ 确定。

图 2-7-2

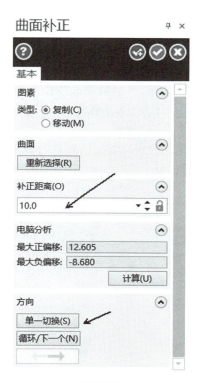

图 2-7-3

微视频

"曲面补正"
命令

2."曲面倒圆角"命令

"曲面倒圆角"命令可以使两组曲面之间形成圆弧过渡，Mastercam 2020 提供了 3 种操作，分别为曲面与曲面倒圆角、曲线与曲面倒圆角、曲面与平面倒圆角，其中用得最多的是曲面与曲面倒圆角。

对如图 2-7-4 所示图形进行曲面与曲面倒圆角。

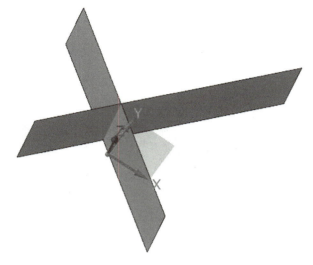

图 2-7-4

单击"曲面"菜单"圆角到曲面"命令 ，系统提示 选择第一个曲面或按 <Esc> 键退出 ，单击其中一个曲面，然后单击 结束选择 按钮，系统提示 选择第二个曲面或按 <Esc> 键退出 ，单击另一个曲面，填写半径为 10，如图 2-7-5 所示。如果要改变倒角圆弧所在的位置，可单击"法向"下的"修改"命令，系统提示 选择要翻转其法向的曲面。 完成后按 [Enter]。 ，如图 2-7-6 所示，只要改变其中的箭头方向，就能改变倒角圆弧所在的位置。如果需要进行修剪，可以在"设置"下勾选"修剪曲面"，如图 2-7-7 所示，单击 确定。

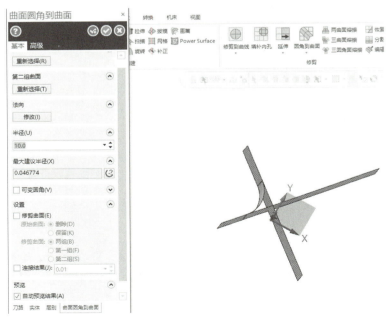

图 2-7-5

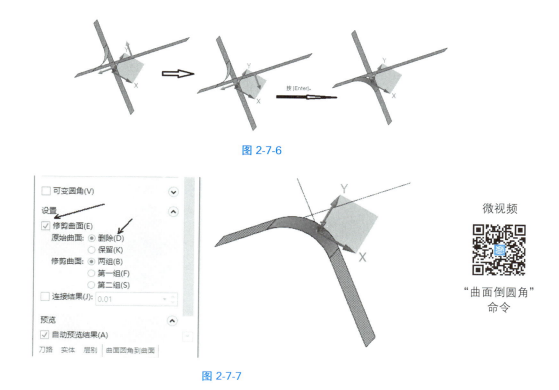

图 2-7-6

微视频

"曲面倒圆角"
命令

图 2-7-7

3. "曲面修整"命令

"曲面修整"命令是一个常用命令,利用这个命令可以对已有曲面沿选定边界进行修剪,边界可以是曲线、线或平面。

①"修整到曲面"命令。对如图 2-7-8 所示的两个相交曲面进行修整。

图 2-7-8

单击"曲面"菜单"修剪到曲面"命令 ▣ 修剪到曲面 ，系统提示 选择第一个曲面或按 <Esc> 键退出 ，单击半圆弧曲面，然后单击 ◉ 结束选择 按钮，系统提示 选择第二个曲面或按 <Esc> 键退出 ，单击圆柱曲面，然后单击 ◉ 结束选择 按钮，系统提示 通过选择要修剪的曲面指示要保留的区域。 ，单击半圆弧曲面，如果要保留圆柱曲面外的部分，可单击圆柱曲面以外的位置，如果要保留圆柱曲面内部的部分，可单击圆柱曲面内部的位置，然后再单击圆柱曲面，如图 2-7-9 所示，单击 ◎ 确定。

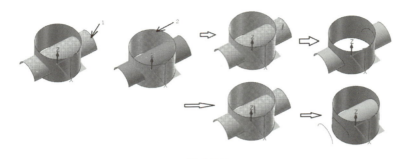

微视频

"曲面修整"
命令（一）

图 2-7-9

② "修整到曲线"命令。如图 2-7-10 所示，使用曲线 1 对球面进行修整。

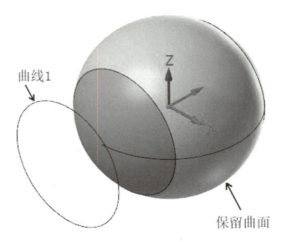

图 2-7-10

单击"曲面"菜单"修剪到曲线"命令 ⊕ 修剪到曲线 ，系统提示 选择曲面，或按 [Enter] 继续。 ，单击圆球曲面，然后单击 ◉ 结束选择 按钮，系统提示 选择一条或多条曲线。 1 选择图素以开始新串连。 按住 Shift 同时单击以选择相切图素。 ，单击曲线 1，然后单击"线框串连"对话框 ◎ 确定。系统提示 通过选择要修剪的曲面指示要保留的区域。 ，单击圆球中间位置，如图 2-7-11，单击 ◎ 确定。

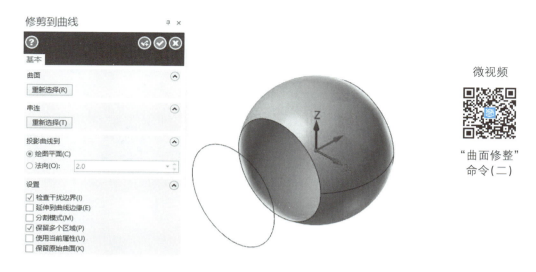

微视频

"曲面修整"
命令（二）

图 2-7-11

③ "修整到平面"命令。这一平面可以是实际存在的图素，也可以是虚拟的，完成如图 2-7-12 所示球面修剪。

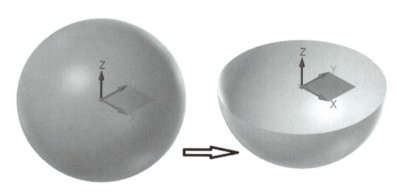

图 2-7-12

单击"曲面"菜单"修剪到平面"命令，如图 2-7-13 所示。

图 2-7-13

系统提示 选择曲面，或按[Enter]继续。 ，单击圆球曲面，然后单击 结束选择 按钮，系统提示 选择平面 ，然后单击"选择视图"按钮，选择俯视图，单击 ✓ 确定，再单击"选择平面"对话框的 ✓ 确定，获得只有上半个球面的图形，如图 2-7-14 所示。

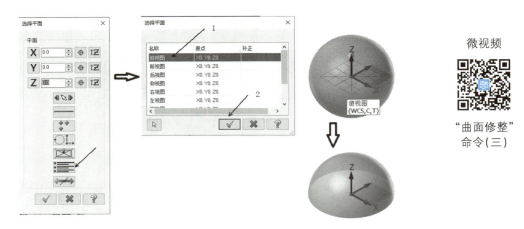

微视频

"曲面修整"命令（三）

图 2-7-14

4."曲面熔接"命令

曲面熔接是指两个或三个曲面通过一定的方式连接起来。曲面熔接是为了使曲面的连接更加平滑，Mastercam 2020 提供了 3 种曲面熔接方式，分别为两曲面熔接、三曲面熔接、三圆角曲面熔接。

① "两曲面熔接"命令。如图 2-7-15 所示，对曲面 1 和曲面 2 进行熔接。

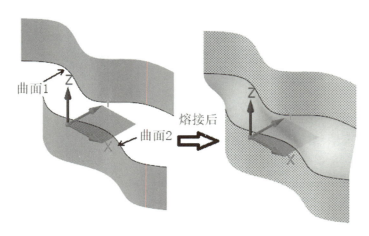

图 2-7-15

单击"曲面"菜单"两曲面熔接"命令 ，系统提示 选择曲面。 ，单击选择曲面 1，系统提示 滑动箭头并在曲线上按相切位置。 ，曲面 1 出现箭头后，将鼠标移动到要熔接的位置，如图 2-7-16 所示，单击鼠标确定。系统提示 按[F]翻转样条曲线方向。 按[Enter]或选择下一个熔接曲面。 ，如图 2-7-16 所示,箭头位置2为该曲面熔接点位置,然后按F键,进行切换,熔接部位会切换到下边的样条曲线上,然后按Enter键,单击选择曲面2,重复曲面1的操作,单击 确定,熔接曲面如图2-7-15所示。

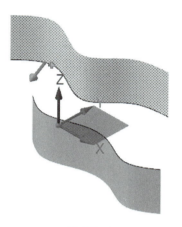

图 2-7-16

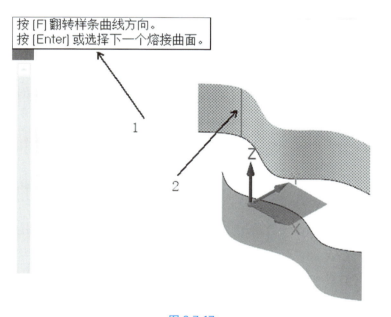

图 2-7-17

微视频

"曲面熔接"
命令(一)

　　② "三曲面熔接"命令。如图2-7-18所示,单击"曲面"菜单"三曲面熔接"命令 ,系统提示 选择第一个熔接曲面。 ,单击上表面,系统提示 滑动箭头并在曲线上按相切位置 ,在如图2-7-19所示2处单击一下,出现一条线,如图2-7-20所示,系统提示 按[F]翻转样条曲线方向。
按[Enter]或选择下一个熔接曲面。 ,此时单击前表面,继续重复刚才的操作,再按F键,改变水平直线为竖直线,如图2-7-21所示。

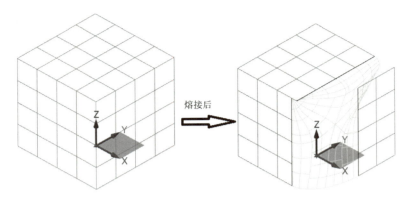

熔接后

图 2-7-18

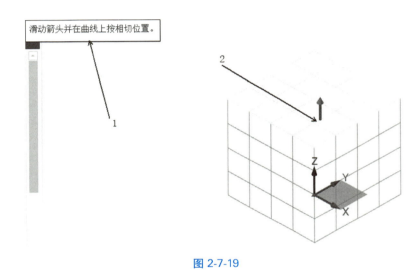

图 2-7-19

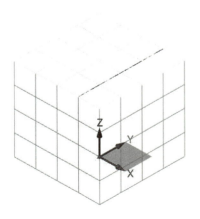

图 2-7-20

图 2-7-21

接着再单击右侧面,按 F 键,切换水平直线为竖直曲线。按 Enter 键后,如图 2-7-22 所示,单击 ⊘ 确定,三曲面熔接如图 2-7-23 所示。

图 2-7-22

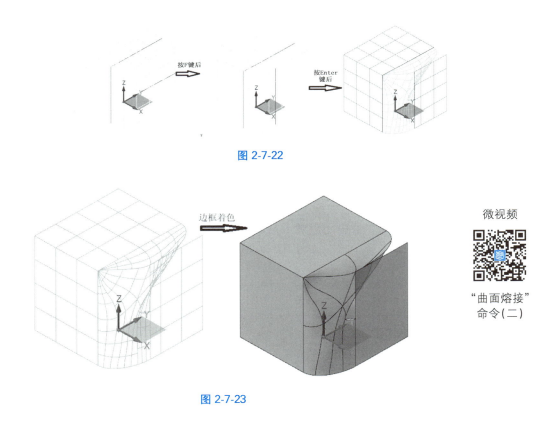

图 2-7-23

③"三圆角曲面熔接"命令。当对 3 个相交面分别进行两两倒圆角处理后,在它们的交汇处可能无法得到光滑的过渡,如图 2-7-24 所示。"三圆角曲面熔接"命令就可以处理这类问题。

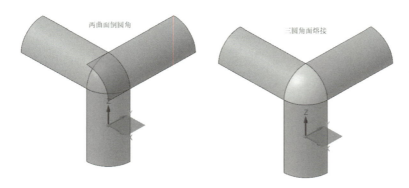

图 2-7-24

单击"曲面"菜单"三圆角曲面熔接"命令 🐾，根据系统提示依次选择 3 个圆角曲面。系统提供了两种熔接方式：3 面熔接和 6 面熔接，如图 2-7-25 所示，单击 ✅ 确定。

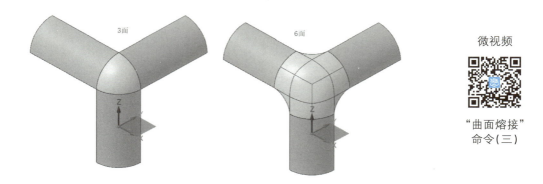

图 2-7-25

微视频

"曲面熔接"
命令（三）

除上述操作外，"曲面"菜单还提供了其他曲面编辑命令，如恢复修剪、分割曲面、编辑曲面等。另外在曲面编辑中，Mastercam 2020 还提供了延伸曲面、延伸到修剪边界等操作。

◆ **任务实施**

完成鼠标曲面的创建

1. 设置图层

单击"视图"菜单"层别"命令 📑 ，然后设置 4、5、6、7、8 图层，如图 2-7-26 所示。勾选号码 5，设置 5 为当前图层。

2. 创建基本曲面线框（图 2-7-27）

① 打开 Mastercam 2020，单击"视图"菜单"屏幕视图"模块中的"俯视图"，图形窗口右下角提示为"绘图平面：俯视图"，在状态栏设定设置构图深度 Z 0.0 ，这些设置一般为系统默认设置。

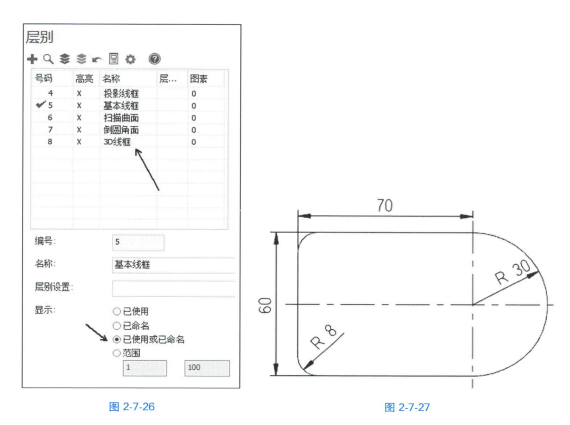

图 2-7-26　　　　　　　　　　　　图 2-7-27

② 首先绘制两条中心线。单击"主页"菜单"线型"命令,选择"中心线",单击"线框"菜单"连续线" ╱ 命令,进入直线绘制。设置类型为水平线,系统提示 指点第一个端点 ,按空格键,输入 -75,按 Enter 键,输入长度为 110,在直线右侧单击,系统提示 请输入Y坐标 ,输入 0,完成水平线的创建。

同理,单击"线框"菜单"连续线" ╱ 命令,进入直线绘制。设置类型为垂直线,系统提示 指点第一个端点 ,按空格键,输入(0,35),按 Enter 键,输入长度为 70,在图下方单击,系统提示 请输入X坐标 ,输入 0,完成垂直线的创建,如图 2-7-28 所示。

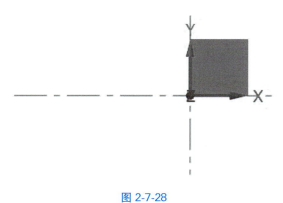

图 2-7-28

③ 创建基本曲面线框。单击"主页"菜单"线型"命令,选择细实线,单击"线框"菜单"圆角矩形"命令 ▭ ,设置宽度为 70,高度为 60,原点选择最右侧中间点,系统提示 选择基准点。,

单击原点,再单击 确定,创建矩形线框。单击"线框"菜单 命令,输入半径为30,系统提示 请输入圆心点 ,单击原点,再单击 确定,创建圆形线框。单击"线框"菜单"图素倒圆角"命令 ,设置半径为 8,单击要倒圆角的两条边,单击 确定,创建倒圆角,如图 2-7-29 所示。

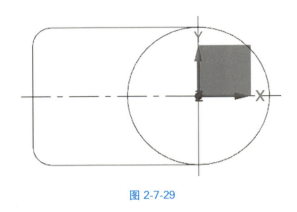

图 2-7-29

④ 修剪图素。单击"线框"菜单"分割"命令 ,系统提示 选择曲线或圆弧去分割/删除 ,选择要删除的图素,单击 确定,如图 2-7-30 所示。

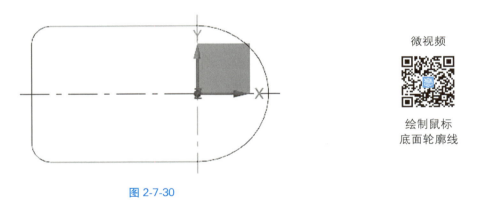

图 2-7-30

微视频

绘制鼠标
底面轮廓线

3. 创建扫描曲面线框(图 2-7-31)

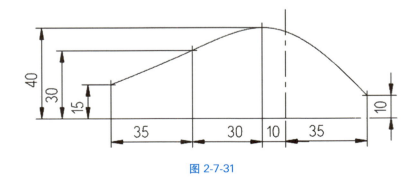

图 2-7-31

① 图层选择 8 为当前图层,如图 2-7-32 所示。

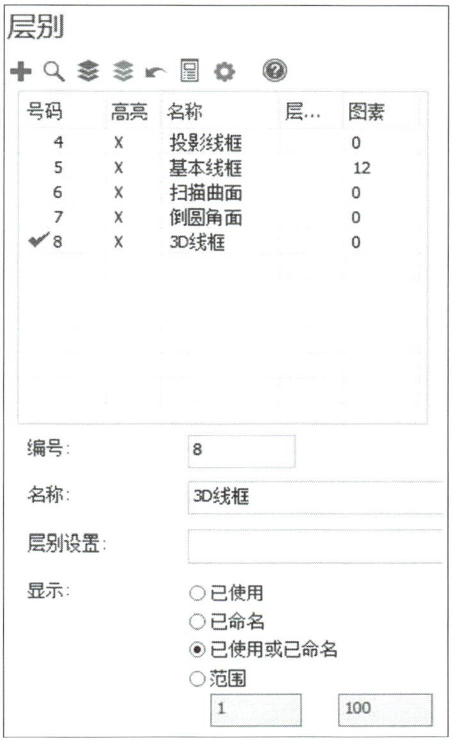

图 2-7-32

② 单击"视图"菜单"屏幕视图"模块中的"前视图",图形窗口右下角提示为"绘图平面:前视图",在状态栏中设置构图深度 Z 0.0 ▼ ,这些设置一般为系统默认设置。

③ 单击"主页"菜单"线型"命令,选择中心线;单击"线框"菜单"连续线"命令 ╱ ,进入直线绘制。设置类型为垂直线,系统提示 指点第一个端点 ,按空格键,输入(0,0),按 Enter 键确定,输入长度为 50,在图上方单击,系统提示 请输入 X 坐标 ,输入 0,完成垂直线的创建,单击 ⊘ 确定,如图 2-7-33 所示。

图 2-7-33

④ 单击"主页"菜单"线型"命令,选择细实线。单击"线框"菜单"手动画曲线"命令 ╱ ,系统提示 选择一点。按 <Enter> 或 <应用> 键完成。 ,坐标点依次为(-75,15)(-40,30)

(－10，40)(35，10)，单击 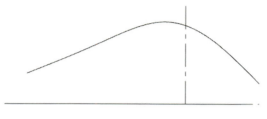 确定，效果如图 2-7-34 所示。

图 2-7-34

⑤ 创建扫描截面线。单击"视图"菜单"屏幕视图"模块中的"右视图"，图形窗口右下角提示为"绘图平面:右视图"，在状态栏中设置构图深度 Z 75.0，这些设置一般为系统默认设置。

单击"线框"菜单"连续线"命令 ，进入直线绘制。设置类型为水平线，系统提示 指点第一个端点，按空格键，输入－35，按 Enter 键，输入长度为70，鼠标在图右点击，系统提示 请输入Y坐标，输入15，完成水平线的创建。

单击"线框"菜单"切弧"命令 ，进入切弧绘制。设置方式为单一物体切弧，半径为100，系统提示 选择一个圆弧将要与其相切的图素，单击 Y＝15 的水平线，系统提示 指定相切点位置，单击水平线与过原点的垂直线的交点，系统提示 选择圆弧，单击右下部分的圆弧，单击 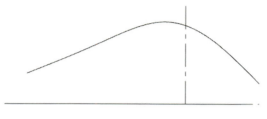 确定，如图 2-7-35 所示。

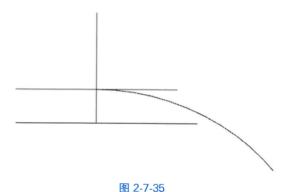

图 2-7-35

修剪圆弧到合适的位置。单击"线框"菜单"连续线"命令 ，进入直线绘制。设置类型为任意线，系统提示 指点第一个端点，在图中合适的位置，画出两条线，然后单击"线框"菜单"修剪到图素"命令 ，设置方式为修剪两物体，如图 2-7-36 所示。

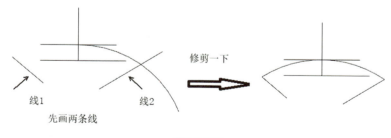

图 2-7-36

然后,删除三条多余的直线,如图 2-7-37 所示。

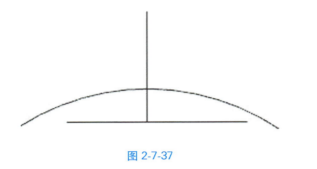

图 2-7-37

微视频

绘制鼠标
顶面轮廓线

4. 创建投影线框(图 2-7-38)

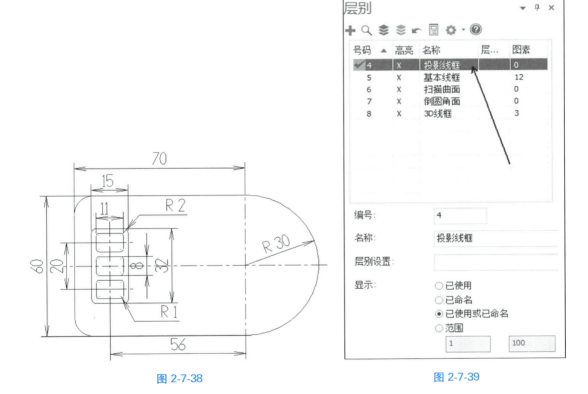

图 2-7-38　　　　　　　　图 2-7-39

① 图层选择 4 为当前图层,如图 2-7-39 所示。

② 单击"视图"菜单"屏幕视图"模块中的"俯视图",图形窗口右下角提示为"绘图平面:俯视图",在状态栏中设置构图深度 Z 50 ,其余设置一般为系统默认设置。

③ 创建 15×32 矩形线框。单击"线框"菜单"圆角矩形"命令 ,设置宽度为 15,高度为 32,原点选择中间点,系统提示 选择基准点。,输入坐标(−56,0),单击 确定,创建矩形线框,如图 2-7-40 所示。

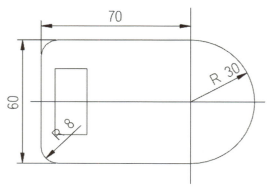

图 2-7-40

④ 创建 3 个 11×8 的矩形。单击"线框"菜单"圆角矩形"命令 ⬜ ,设置宽度为 15,高度为 32,原点选择中间点,系统提示 选择基准点。 ,输入坐标(-56,0),单击 ⊘ 确定,创建矩形线框,如图 2-7-41 所示。

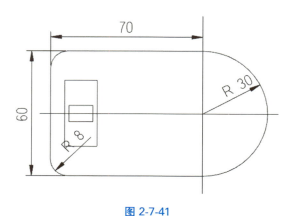

图 2-7-41

单击"转换"菜单"平移"命令 ⬈ ,系统提示 平移/阵列 选择要平移/阵列的图素 ,选择 11×8 的矩形,单击 ⊘结束选择 按钮,在"平移"对话框中设置方式为复制,增量为 Y10,方向为双向,单击 ⊘ 确定,创建三个矩形线框,如图 2-7-42 所示。

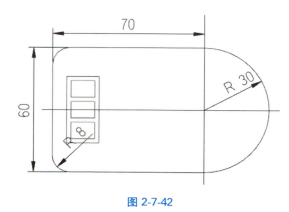

图 2-7-42

⑤ 倒圆角 $R1$ mm/$R2$ mm。单击"线框"菜单"串连倒圆角"命令 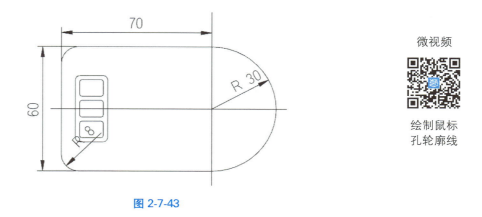，$15×32$ 倒圆角半径为 2，三个 $11×8$ 倒圆角半径为 1，如图 2-7-43 所示。

微视频

绘制鼠标
孔轮廓线

图 2-7-43

5. 创建基本曲面

① 单击"视图"菜单"屏幕视图"模块中的"等视图"，图形窗口右下角提示"绘图平面：俯视图"，在状态栏中设置绘图深度 Z `0.0`，隐藏图层 4，把图层 5 基本曲面设为当前图层，如图 2-7-44 所示。

图 2-7-44

② 创建鼠标侧表面。单击"曲面"菜单"拔模"命令 ◈，系统提示

> 选择直线、圆弧或样条曲线。 1
> 选择图素以开始新串连。
> 按住 Shift 同时单击以选择相切图素。

，选择曲面的轮廓线，然后单击"线框串连"对话框 ⊘ 按钮，在"牵引曲面"管理框中设置长度为50，单击 ⊘ 确定，如图 2-7-45 所示。

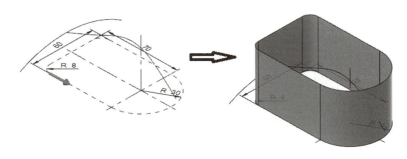

图 2-7-45

6. 创建扫描曲面

① 隐藏图层 5，将图层 6 设为当前图层，如图 2-7-46 所示。

图 2-7-46

② 单击"曲面"菜单"扫描"命令 ，系统提示 | 扫描曲面:定义 截断方向外形
选择图素以开始新串连。
按住 Shift 同时单击以选择相切图素。 | ，单击圆弧

曲线 1，单击"线框串连"对话框 按钮，系统提示 | 扫描曲面:定义 引导方向外形
选择图素以开始新串连。
按住 Shift 同时单击以选择相切图素。 | ，单击曲线

2，然后单击"线框串连"对话框 按钮，在"扫描曲面"管理框中，设置方式为旋转，单击 确定，如图 2-7-47 所示。

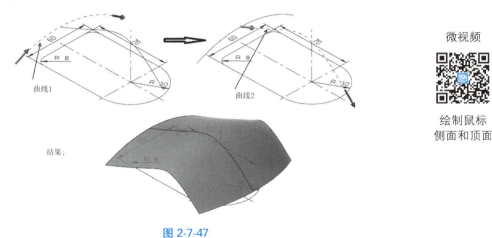

微视频

绘制鼠标
侧面和顶面

图 2-7-47

7. 曲面倒圆角

① 隐藏图层 4、8；显示图层 5、6、7；设置图层 7 为当前图层，如图 2-7-48 所示。

图 2-7-48

② 曲面倒圆角。单击"曲面"菜单"圆角到曲面"命令 ▩ ，系统提示 选择第一个曲面或按 <Esc> 键退出 ，选择第一个曲面（扫描曲面），单击 ✓结束选择 按钮；系统提示 选择第二个曲面或按 <Esc> 键退出 ，选择第二个曲面（基本曲面），单击 ✓结束选择 按钮。半径设置为 8，然后调整法向，单击法向中的修改，单击"修剪曲面"命令，单击 ✓ 确定，如图 2-7-49 所示。

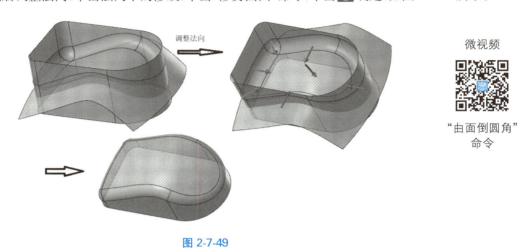

微视频

"由面倒圆角" 命令

图 2-7-49

8. 构建投影线框

① 隐藏图层 5、7、8；打开图层 4、6。设置补正曲面为图层 9 为当前图层，如图 2-7-50 所示。

图 2-7-50

② 曲面补正。单击"曲面"菜单"补正"命令 ✎，系统提示 选择要补正的曲面或按[Enter]继续。，单击扫描曲面，然后单击 ⊘结束选择 按钮，补正距离为 1 mm，补正距离(O) 1.0 ，补正曲面在扫描曲面下方，如果方向不对，可以单击"方向"下的"循环/下一个"按钮，然后点击 ← → ，进行切换，单击 ⊘ 确定。

③ 隐藏图层 6。

④ 单击"转换"菜单"投影"命令 ⅄，系统提示 选择图素去投影，单击投影线框，单击 ⊘结束选择 按钮，单击"投影"管理框"投影到"中"曲面/实体"，系统提示

选择实体面或曲面
- 按住 Shift 同时单击以选择相切的实体面
- 按住 Alt 同时单击以选择向量
- 按住 Ctrl 同时单击以选择匹配的实体圆角/孔
- 按住 Ctrl+shift 同时单击以选择相似实体面
- 双击以选择实体特征
- 按住 Ctrl+shift 同时双击以选择相似实体特征
- 三击以选择实体主体

，单击补正曲面，单击 ⊘结束选择 按钮，单击 ⊘ 确定，如图

2-7-51 所示。

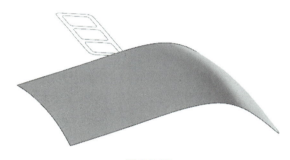

图 2-7-51

⑤ 隐藏图层 9，显示图层 6，重复投影操作投影矩形 15×32 到扫描曲面，如图 2-7-52 所示。

图 2-7-52

微视频

绘制鼠标
投影线框

9. 修整曲面

① 修整扫描曲面。设置当前图层为 6，单击"曲面"菜单"修剪到曲线"命令 ⊕，系统提示 选择曲面，或按[Enter]继续。，单击扫描曲面，单击 ⊘结束选择 按钮。系统提示

选择一条或多条曲线。　1
选择图素以开始新串连。
按住 Shift 同时单击以选择相切图素。

，单击曲面上的投影矩形 15×32，单击"线框串连"对话框

 按钮，系统提示 通过选择要修剪的曲面指示要保留的区域。 ，单击曲面上的投影矩形 15×32 以外的区域，单击  确定，如图 2-7-53 所示。

图 2-7-53

② 隐藏图层 6，显示图层 9。设置图层 9 为当前图层。单击"曲面"菜单"修剪到曲面"命令 ⊕ ，系统提示 选择曲面，或按 [Enter] 继续。 ，单击补正曲面，单击 结束选择 按钮。系统提示 选择一条或多条曲线。 1 选择图素以开始新串连。 按住 Shift 同时单击以选择相切图素。 ，单击曲面上的投影矩形 15×32 和三个 11×8 矩形，然后单击"线框串连"对话框 按钮，系统提示 通过选择要修剪的曲面指示要保留的区域。 ，单击曲面上的投影矩形 15×32 和三个 11×8 矩形之间的区域，单击 确定，如图 2-7-54 所示。

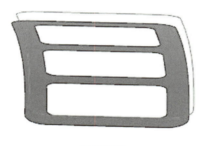

图 2-7-54

微视频

顶面开鼠标孔

10. 创建直纹曲面

① 单击"曲面"菜单"举升"命令 ，系统提示 举升曲面:定义 外形 1 选择图素以开始新串连。 按住 Shift 同时单击以选择相切图素。 ，选择曲线 1，系统提示 选择图素以开始新串连(2) 或修改处于活动状态的串连。 按住 Shift 同时单击以选择相切图素。 ，选择曲线 2，注意两曲线的起点应该在相应的位置，上下对齐，然后单击"线框串连"对话框 按钮，设置类型为举升，单击 确定，如图 2-7-55 所示。

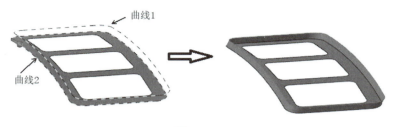

图 2-7-55

11. 曲面倒圆角

① 隐藏图层 4、8，显示图层 5、6、7、9，如图 2-7-56 所示。

图 2-7-56

② 对扫描曲面和直纹曲面倒圆角 $R0.1$。单击"曲面"菜单"圆角到曲面"命令 ▧ ，系统提示 选择第一个曲面或按 <Esc> 键退出 ，选取第一个曲面，进行扫描曲面操作，单击 ◎ 结束选择 按钮，系统提示 选择第二个曲面或按 <Esc> 键退出 ，选取第二个曲面进行直纹曲面操作。单击 ◎ 结束选择 按钮，然后单击法向为修改，确认所有曲面的箭头指向倒圆角的圆心，然后按 Enter 键，半径为 0.1，单击 ◎ 确定，如图 2-7-57 所示。

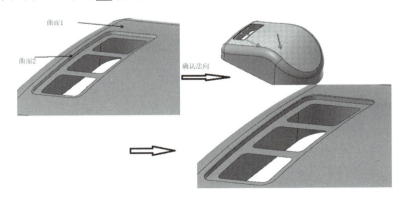

图 2-7-57

③ 重复倒圆角操作，对补正曲面和直纹曲面倒圆角半径为 0.1，如图 2-7-58 所示。

④ 鼠标曲面造型完成，如图 2-7-59 所示。

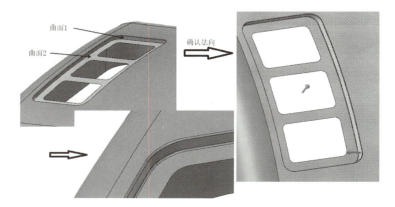

图 2-7-58

图 2-7-59

微视频

绘制完成
鼠标三维
曲面

◆ **拓展训练**

完成如图 2-7-60 的绘制。

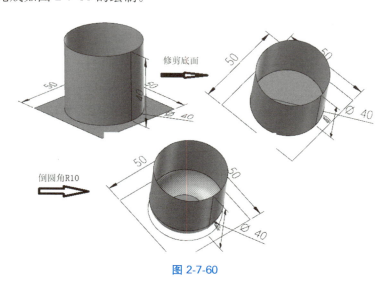

图 2-7-60

微视频

拓展训练

◆　**思考与练习**

完成如图 2-7-61 所示图形曲面创建。

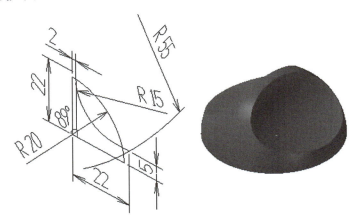

图 2-7-61

微视频

思考与练习

◆　**任务评价**

表 2-7-1　任务自我评价表

任务名称：				班级：			姓名：		
序号	评价项目	评价要求	设计参数	实际参数	完成度	是否完成	备注		是否需要帮助
1	识图	准确识别图素					识别图素数量与图形图素一致为完成		
2	绘图步骤设计	设计步骤与实际步骤是否一致	设计步骤（　）	实际步骤（　）			一致为完成		
3	用时	规定用时（　）	计划用时（　）	实际用时（　）			实际用时在规定用时内为完成		
4	图形准确性	图形尺寸检查		与原图一致性			对比标注数据，完全正确为完成		
5	合作与沟通	是否独立完成	是		否		完成所有描述，则完成该项		
			独立完成部分描述						
			是否讨论						
			讨论参与人员						
自我评价（100 字以内，描述学习到的新知与技能，需要提升或获得的帮助）：									
是否完成判定：									
								日期：	

项目三

三维实体数字化设计

任务 *3.1* 组合体的数字化设计

◆ **任务目标**

通过本任务的学习,掌握将长方体、圆柱体、圆锥体、圆环体和球体等五种基本实体组合成具有一定规则的三维实体的方法。创建过程中应用实体布尔运算进行结合、切割、交集操作。

◆ **任务引入**

根据要求,完成如图 3-1-1 所示组合体的绘制。

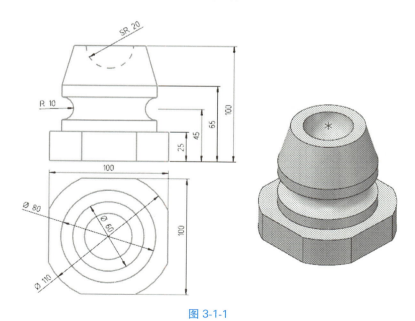

图 3-1-1

◆ **任务分析**

组合体的绘制步骤见表 3-1-1。

表 3-1-1 组合体的绘制步骤

1. 绘制 100×100×25 的长方体	2. 绘制 φ110,高 25 的圆柱体	3. 绘制 φ80,高 65 的圆柱体
4. 绘制大径 φ80,小径 φ20 的圆环体	5. 绘制底径 φ80,顶径 φ60,高 35 的圆锥体	6. 绘制 SR20 的球体
7. 对长方体和大圆柱体进行交集运算	8. 通过交集运算得到的形体与小圆柱和圆锥的组合	9. 通过组合运算得到的形体切割圆环和圆球

◆ **相关新知**

在实际应用中,很多组合体由基本实体通过结合和切割而形成,熟练掌握基本实体的创建方法,会使复杂实体的造型过程变得简单合理。由基本实体组合成的实体,各个部分都是单独实体,具有独立性,必须通过布尔运算才能将它们组合成一个整体。

1. 原点(基准点)

用基本实体命令画图时,所画图形都有原点,用于插入坐标系时定位。长方体底面有 9 个不同的原点,X 轴方向为长度,Y 轴方向为宽度,Z 轴方向为高度;圆柱体和圆锥体默认底面圆心为原点;圆环的原点默认位于环管中心圆的圆心;球体原点默认位于球心。

2. 布尔运算

布尔运算主要包括组合、切割、交集。

◆ **任务实施**

打开 Mastercam 2020,单击快捷访问栏中 🖫 按钮,根据提示命名"组合体",以默认方式 保存类型(T): Mastercam 文件 (*.mcam) 保存。

1. 绘制 100×100×25 的长方体

① 单击"实体"菜单,单击"基本实体"模块中"立方体"命令,设置"基本立方体"管理框选项,如图 3-1-2 所示。

② 根据绘图区提示 选择立方体的基准点位置,单击工具条中图标命令 ╬,输入坐标(0,0,0),按 Enter 键确定或者使用 ▶光标 命令,如图 3-1-3 所示,单击原点,在绘图区中确定立方体底面中心点与原点自动重合。

图 3-1-2   图 3-1-3

③ 根据命令提示 输入高度和宽度或选择对角位置,在"基本立方体"管理框选项的尺寸模块中设置参数长为 100,宽为 100,高为 25,如图 3-1-4 所示,然后单击 ✅ 确定,完成立方体的创建。

图 3-1-4

④ 单击"视图"菜单,单击"荧幕视图"模块中"等角视图"命令,如图 3-1-5 所示。

2. 绘制 φ110,高 25 的圆柱

① 单击"实体"菜单,单击"基本实体"模块中"圆柱体"命令,设置"基本圆柱体"管理框选项,如图 3-1-6 所示。

微视频

"立方体"
命令

图 3-1-5   图 3-1-6

② 根据绘图区提示 选择圆柱体的基准点位置 ,单击工具条中图标命令 ,输入坐标(0,0,0),按 Enter 键确定或者使用 光标· 命令,单击原点,使圆柱体底面原点与立方体底面原点重合。

③ 根据命令提示 输入半径或选择一点 ,在"基本圆柱体"管理框选项的尺寸模块中设置参数半径为 55,高度为 25,如图 3-1-7 所示,然后单击 确定,完成圆柱体创建,如图 3-1-8 所示。

图 3-1-7

微视频

"圆柱体"
命令(一)

图 3-1-8

3. 绘制 $\phi80$,高 65 的圆柱

用相同的方法绘制 $\phi80$,高 65 的圆柱,使该圆柱的底面原点与立方体底面中心原点重合,如图 3-1-9 所示。

4. 绘制大径 $\phi80$,小径 $\phi20$ 的圆环体

① 单击"实体"菜单,单击"基本实体"模块中"圆环体"命令,设置"基本圆环体"管理框选项,如图 3-1-10 所示。

微视频

"圆柱体"
命令(二)

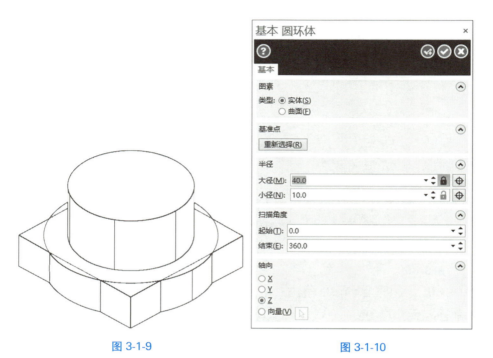

图 3-1-9   图 3-1-10

② 根据绘图区提示 选择圆环体的基准点位置 ,单击工具条中图标命令 ,输入坐标(0,0,45),按 Enter 键确定基点,使圆环体原点与基点(0,0,45)重合。

③ 根据命令提示 输入圆管半径或选择一点 ,在"基本圆环体"管理框选项的半径模块中设置参数大径为 40,小径为 10,如图 3-1-11 所示,然后单击 确定,完成圆环体的创建,如图 3-1-12 所示。

图 3-1-11

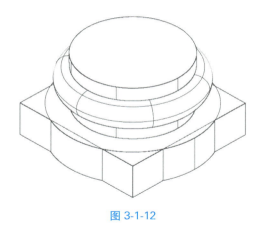

微视频

"圆环体"
命令

图 3-1-12

5. 绘制底径 $\phi 80$，顶径 $\phi 60$，高度 35 的圆锥

① 单击"实体"菜单，单击"基本实体"模块中"锥体"命令，设置"基本圆锥体"管理框选项，如图 3-1-13 所示。

② 根据绘图区提示 选择圆锥体的基准点位置 ，单击 $\phi 80$，高 65 圆柱的上表面圆心，使圆锥体原点与之重合，作为基点。

③ 根据命令提示 输入半径或选择一点 ，在"基本圆锥体"管理框选项的基本半径、高度、顶部半径中分别设置参数为 40、35、30，如图 3-1-14 所示，然后单击 ✓ 确定，完成锥体的创建，如图 3-1-15 所示。

图 3-1-13

图 3-1-14

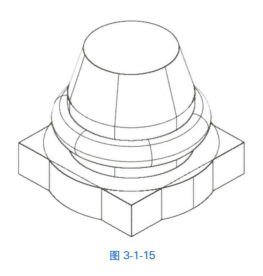

微视频

"圆锥体"
命令

图 3-1-15

6. 绘制 $SR20$ 的球体

① 单击"实体"菜单，单击"基本实体"模块中"球体"命令，设置"基本球体"管理框选项，如图 3-1-16 所示。

② 根据绘图区提示 选择球形的基准点位置 ，单击圆锥体上表面圆心与球体原点重合。

③ 根据命令提示 输入半径或选择一点 ，在"基本球体"管理框选项的半径中输入 20，然后单击 ✅ 确定，完成球体的创建，如图 3-1-17 所示。

图 3-1-16

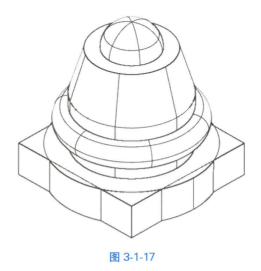

图 3-1-17

④ 单击"文件"菜单，单击"外观"模块中"边框着色"命令 🔵边框着色 ，对实体进行着色，

通过该模块中的"着色选项"按钮还可以进行参数设置,如图 3-1-18 所示。

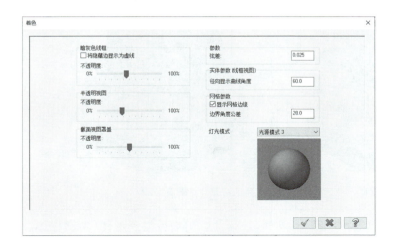

图 3-1-18

微视频

"球体"命令

7. 布尔运算

① 单击"实体"菜单,单击"创建"模块中"布尔运算"命令。

② 根据命令提示 选择目标主体。 ,单击立方体,出现"布尔运算"管理框,先进行交集运算,如图 3-1-19 所示。

③ 根据命令提示 选择工具主体。 ,在"布尔运算"管理框选项的工具主体中单击添加选择按钮 ,然后弹出"实体选择"对话框,如图 3-1-20 所示。单击立方体和高度为 25 的圆柱体,然后单击"实体选择"对话框 确定,单击 确定,完成立方体和小圆柱体的交集运算,如图 3-1-21 所示。

图 3-1-19　　　　　　　　　　图 3-1-20

图 3-1-21

图 3-1-22

④ 单击"布尔运算"命令"结合"类型,连续选取交集后得到形体、大圆柱体、圆锥体三个目标,完成组合运算。

⑤ 单击"布尔运算"命令"切割"类型,首先选取完成组合运算的实体作为被切割体,然后依次选取圆环体、球体作为切割体,最后单击确定完成全部布尔运算,如图 3-1-22。

◆ **拓展训练**

学习使用"实体"菜单中"实体工程图"管理框的设置,如图 3-1-23 所示,完成如图 3-1-24 所示尺寸标注。

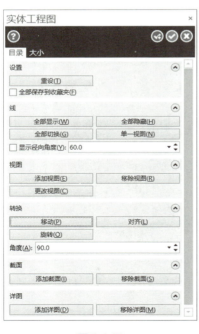

图 3-1-23

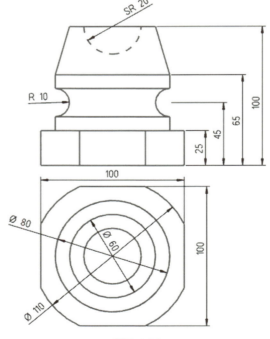

图 3-1-24

◆　**思考与练习**

完成如图 3-1-25 所示凸台的绘制。

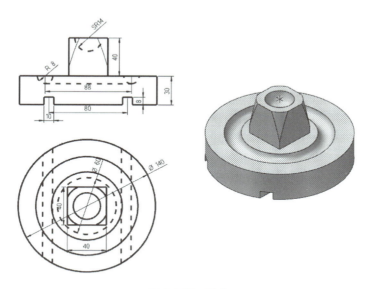

微视频

思考与练习

图 3-1-25　凸台

◆　**任务评价**

表 3-1-2　任务自我评价表

任务名称：				班级：		姓名：		
序号	评价项目	评价要求	设计参数	实际参数	完成度	是否完成	备注	是否需要帮助
1	识图	准确识别图素					识别图素数量与图形图素一致为完成	
2	绘图步骤设计	设计步骤与实际步骤是否一致	设计步骤（　）	实际步骤（　）			一致为完成	
3	用时	规定用时（　）	计划用时（　）	实际用时（　）			实际用时在规定用时内为完成	
4	图形准确性	图形尺寸检查		与原图一致性			对比标注数据，完全正确为完成	
5	合作与沟通	是否独立完成	是		否		完成所有描述，则完成该项	
			独立完成部分描述					
			是否讨论					
			讨论参与人员					

自我评价(100 字以内,描述学习到的新知与技能,需要提升或获得的帮助):
是否完成判定:
日期:

任务 3.2　叉架零件的数字化设计

◆　任务目标

　　用基本实体进行简单布尔运算可能无法完成形体相对复杂的零件的实体建模,为解决这一问题,Mastercam 实体建模部分开发了通过串连平面曲线来创建实体的功能。本任务通过叉架零件的建模,学习"实体拉伸""实体编辑"命令,并进一步掌握绘图面的应用及图层的使用。

◆　任务引入

　　根据要求,完成如图 3-2-1 所示叉架零件的绘制。

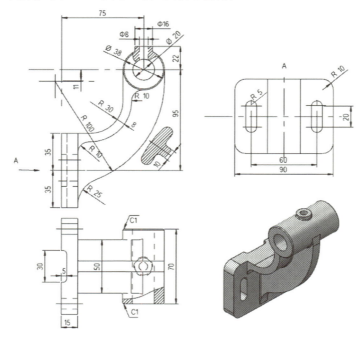

图 3-2-1

◆　**任务分析**

叉架零件的绘制步骤见表 3-2-1。

表 3-2-1　叉架零件的绘制步骤

1. 绘制底座实体	2. 绘制连接架实体	3. 绘制加强筋实体
4. 绘制 $\phi38$、$\phi20$、$\phi16$、$\phi8$ 的四个圆柱体	5. 布尔运算结合、切割	6. 叉架实体倒圆角、直角

◆　**相关新知**

实体拉伸建模时,选取的平面曲线必须要保证串连箭头同起点、同方向,否则,会产生扭曲的实体。

实体拉伸过程中,除可以进行垂直方向拉伸外,还可进行实体拔模,分为内向拔模和外向拔模两种方式;另外还可以进行薄壁拉伸,分为厚度向内、厚度向外和内外同时三种方式。

实体修剪模块中,有"倒圆角"命令和"倒直角"命令。"倒圆角"命令分为固定半径倒圆角、面与面倒圆角、变化倒圆角三种模式;"倒直角"命令分单一距离倒直角、不同距离倒直角、距离与角度倒直角三种模式。

◆　**任务实施**

打开 Mastercam 2020,单击快捷访问栏中 🖫 按钮,根据提示命名"叉架零件",以默认方式 保存类型(T):　Mastercam 文件 (*.mcam) 保存。

1. 绘制底座实体

① 单击"视图"菜单,单击"形状"模块中"层别"命令,设置"层别"管理框选项,如图 3-2-2

所示,如果选用自己设置的图层,"主页"菜单中的"图素属性"管理框不要激活。选用图层1,在左视图构图面内绘制矩形,观察角度为左视图。

②　单击"线框"菜单,单击"形状"模块中"矩形"命令,设置"矩形"管理框选项,如图 3-2-3 所示。

图 3-2-2

图 3-2-3

③　根据绘图区提示 选择基准点。 ,单击工具条中图标命令 ,输入坐标(0,0,0),按 Enter 键确定或者使用 命令,选取坐标原点,使矩中心点与原点重合。

④　单击"修剪"模块中"串连倒圆角"命令,设置"串连导圆角"管理框选项,如图 3-2-4 所示。

⑤　根据提示 选择串连1 ,使用"线框串连"对话框选项中的串连方式选取矩形,再单击 结束串连,根据需要可以在"串连倒圆角"管理框的半径栏目里修改数据,获得需要的圆角,如图 3-2-5 所示。

⑥　用相同的方式绘制宽为 10,高为 30,圆角半径为 5 的矩圆形,如图 3-2-6 所示,设置"矩形形状"管理框选项,矩圆形中心点与坐标原点重合,如图 3-2-7 所示。

图 3-2-4

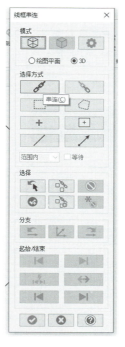

图 3-2-5

微视频

"矩形"命令

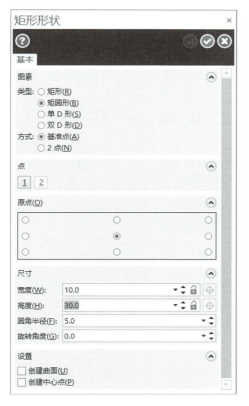

图 3-2-6

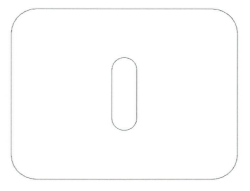

图 3-2-7

⑦ 单击"转换"菜单，单击"位置"模块中"平移"命令，根据提示 平移/阵列:选择要平移/阵列的图素 ，单击 ✎ 命令选取矩形，单击 结束选择 按钮，如图 3-2-8 所示，设置"平移"管理框选项，单击 ✅ 确定，完成两个矩圆形的绘制，如图 3-2-9 所示。

图 3-2-8

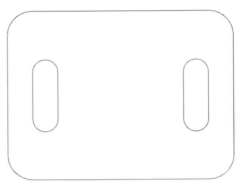

图 3-2-9

⑧ 变换为等角视图观察，选用图层 2（底座实体），单击"实体"菜单，单击"创建"模块中"拉伸"命令，弹出"线框串连"对话框。根据提示 选择要拉伸的串连1 ，用"线框串连"对话框窗选命令选取三个矩形，然后单击 ✅ 确定，完成拉伸目标的选取，出现"实体拉伸"管理框，如图 3-2-10 所示，设置"实体拉伸"管理框选项，如图 3-2-11 所示。

2. 绘制连接架实体

① 选用图层 1，在主视图绘图面内绘制连接架，观察角度为等角视图。单击"线框"菜单，单击"绘线"模块中"连续线"命令，根据提示 指点第一个端点 ，取底座上表面中心点为起点，画水平线，与原点距离 95，即轴向偏移 95；选取第二点时，只要保证所绘直线大于 80 即可，设置"连续线"管理框参数，如图 3-2-12 所示。用相同方式绘制与原点相距 60 的垂直线，即轴向偏移 60，如图 3-2-13 所示。

② 单击"线框"菜单，单击"圆弧"模块中"已知点画圆"命令，根据提示 请输入圆心点 ，以上两直线交点为圆心，分别画 $\phi38$，$\phi20$ 两个圆。

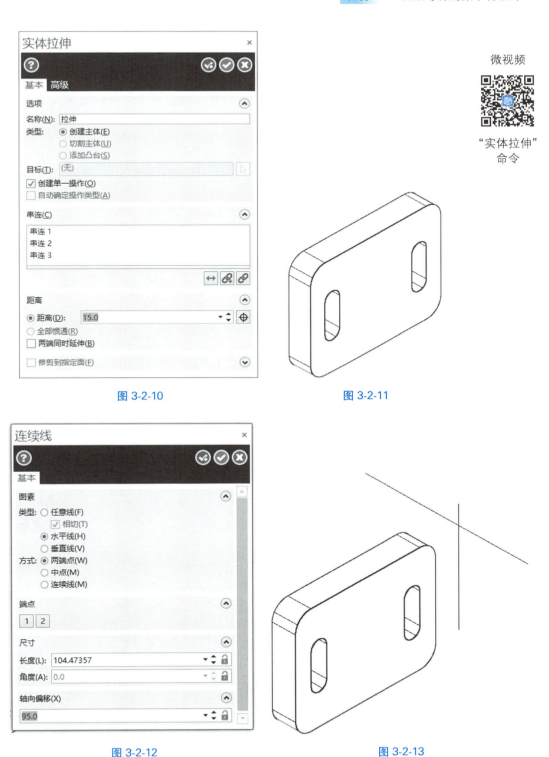

微视频

"实体拉伸"
命令

图 3-2-10　　　　　　　　　　　　图 3-2-11

图 3-2-12　　　　　　　　　　　　图 3-2-13

③ 用"连续线"命令画一条垂直线与圆左端相切，以底座上棱线中心点为起点画一条水平线，然后二根线进行倒圆角，如图 3-2-14 所示。

④ 单击"转换"菜单,单击"补正"模块中"串连补正"命令,根据提示 补正:选择串连1 ,用"线框串连"对话框中的"串连"命令选取目标"1、2、3",然后单击 ✅ 确定,再根据提示 指示补正方向。 ,单击需要补正的方向,以底座上棱线中心点为起点,画向下的一条垂直线,用"倒圆角"命令画出两个 $R10$ 的圆弧,用任意线将连接架框架轮廓封闭连接,删除多余线,如图 3-2-15 所示。

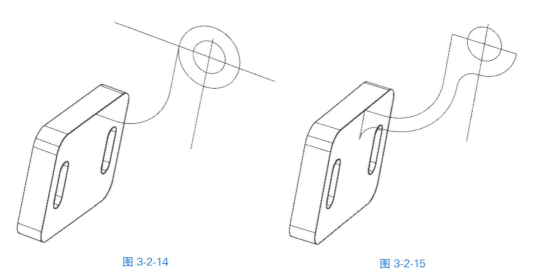

图 3-2-14 　　　　　　　　　　　　　　图 3-2-15

⑤ 选用图层 3,单击"实体"菜单,单击"创建"模块中"拉伸"命令,根据提示,串连选择连接架线框,设置"实体拉伸"管理框参数,如图 3-2-16 所示和图 3-2-17 所示。

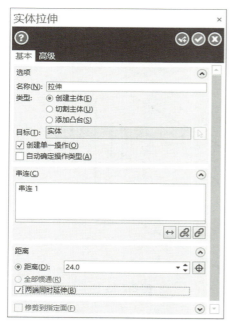

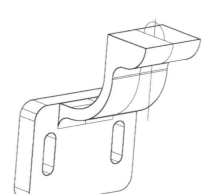

图 3-2-16 　　　　　　　　图 3-2-17

3. 绘制加强筋实体

① 关闭图层 2、3，选用图层 1，用"连续线"命令绘制距离原点 84 的水平线，以 $\phi38$ 圆心点为中心，画出半径为 $100-19=81$ 的圆，与水平线有交点，以交点为圆心，画出半径为 100 的圆，重新画出 $\phi38$ 的圆，用修剪命令保留加强筋圆弧部分，如图 3-2-18 所示。

② 选用图层 4（加强筋实体），单击"实体"菜单，单击"创建"模块中"拉伸"命令，根据提示，串连选择最外围连接架线框，设置"实体拉伸"管理框中参数，创建主体，距离为 5，两端同时延伸，如图 3-2-19 所示。

微视频

绘制加强
筋实体

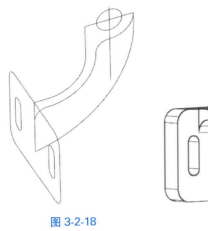

图 3-2-18   图 3-2-19

4. 绘制 $\phi38$、$\phi20$、$\phi16$、$\phi8$ 的四个圆柱体

① 关闭图层 2、3、4，选用图层 1，用已知点画圆，重新绘制 $\phi38$ 的圆。更换绘图面为俯视图，等角视图观察，单击"已知点画圆"命令，根据提示 请输入圆心点 ，以 $\phi38$ 圆心点为参考点，相对 Z 方向偏移 22 为圆心，绘制 $\phi16$、$\phi8$ 两圆，如图 3-2-20 所示。

② 选用图层 5，用"实体拉伸"命令分别将 $\phi38$、$\phi20$、$\phi16$、$\phi8$ 的圆拉伸成长 70、80、22、44 的圆柱，如图 3-2-21 所示。特别注意，"拉伸实体"管理框的高级选项中可以修改拉伸的方向。

微视频

绘制四个
圆柱体

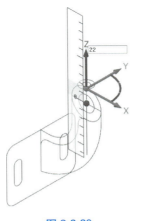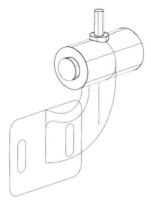

图 3-2-20   图 3-2-21

5. 布尔运算

① 关闭图层 1，打开其余图层，用"布尔运算"模块中的"结合"命令将底座、连接架、加强筋、$\phi38$ 圆柱、$\phi8$ 圆柱组合成一个整体，再用这个整体切割掉 $\phi20$、$\phi16$ 两个圆柱体，如图 3-2-22 所示。

② 选用图层 1，构图面为左视图，用"矩形"命令选择中心点为原点，设置矩形宽度为 30，高度为 80，画出矩形，然后用平移命令，平移 $Z10$；更换图层 2，用"实体拉伸"命令在底座上切割宽度为 30，高度为 80，深度为 5 的长方体，如图 3-2-23 所示。

微视频

实体"布尔运算"命令

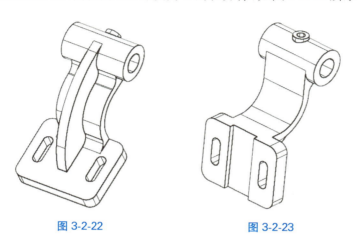

图 3-2-22   图 3-2-23

6. 实体倒圆角

① 继续使用图层 2，单击"实体"菜单，单击"编辑"模块中"固定半径倒圆角"命令，弹出"实体选择"对话框，如图 3-2-24 所示。根据提示 选择要倒圆角的单个或多个图数。 ，用"实体选择"管理框中的 命令去选择加强筋圆弧面与底座面的交线，设置"固定圆角半径"管理框中半径为 25，单击 确定，完成 $R25$ 圆弧的绘制。

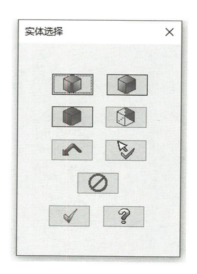

图 3-2-24

　　② 用相同的方法选择连接架顶面与加强筋侧面的交线、连接架侧面与大圆柱面的交线、底座槽中的两根直线及 $\phi 38$ 圆柱表面与 $\phi 16$ 圆柱表面的交线,然后设置圆角半径为 1,完成倒圆角,如图 3-2-25 所示。

7. 实体倒直角

　　单击"实体"菜单,单击"编辑"模块中"单一距离倒直角"命令,弹出"实体选择"对话框。根据提示 选择一个或多个要倒角的图素。 ,用"实体选择"管理框中的 ⬛ 命令去选择大圆柱侧面的两个边界圆,设置"单一距离倒角"管理框中距离为 1,单击 ✅ 确定,完成该叉架零件的数字化设计和实体渲染,如图 3-2-26 所示。

微视频

实体"倒圆角"命令

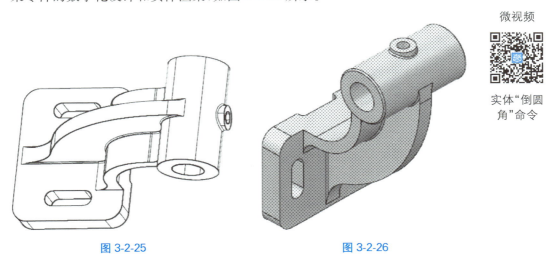

图 3-2-25　　　　　　　　　　　　　　图 3-2-26

◆　**拓展训练**

　　将圆柱体按如图 3-2-27 所示修剪。

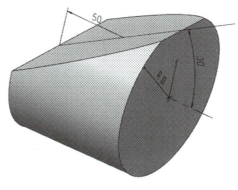

图 3-2-27

　　(1) 绘制圆柱体

　　用"基本圆柱体"命令,设置"基本圆柱体"管理框,如图 3-2-28 所示,选取坐标原点与圆柱体基点重合。

（2）绘制夹角 30°的两直线

用前视图构图面，先绘制角度为 30，长度大约为 100 的斜线，再过两个端面圆心绘制轴线。

（3）绘制过轴线与斜线相垂直的直线

单击"视图"菜单，单击"构图面"模块中"图形定面"命令（如果视图菜单中没有 图形定面 命令，就需要通过自定义功能添加到功能区中），根据提示 依照图形设置绘图平面 选择图形 ，选取上面绘制的两条直线，弹出"选择平面"对话框，如图 3-2-29 所示，单击 ✓ 确定，完成新的构图面设置，再用"直线"命令，过轴线端点绘制与斜线向垂直的直线，如图 3-2-30 所示。

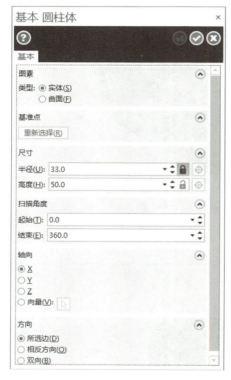

图 3-2-28

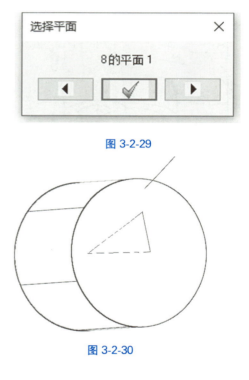

图 3-2-29

图 3-2-30

（4）绘制修剪圆柱的矩形面

单击"构图面功能"模块中的"法向定面"命令，选取垂线目标，完成新绘图面的设置，然后在该构图面内绘制矩形，使矩形中心与垂足重合，单击"曲面功能"模块中的"平面修正"命令，生产矩形曲面，如图 3-2-31 所示。

（5）完成实体修剪

单击"实体"菜单，单击"修剪"模块中"修剪倒曲面"命令，根据提示 选择要修剪的主体 ，单击实体，再根据提示 选择要修剪到的曲面或薄片。 ，单击矩形曲面，出现"修剪"管理框，如图 3-2-32 所示，单击 ✓ 确定，完成修剪，隐藏曲面和曲线的实体如图 3-2-33 所示。

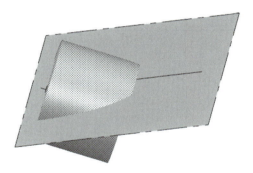

图 3-2-31

图 3-2-32

图 3-2-33

微视频

拓展训练

◆ **思考与练习**

完成如图 3-2-34 所示轴承架的绘制。

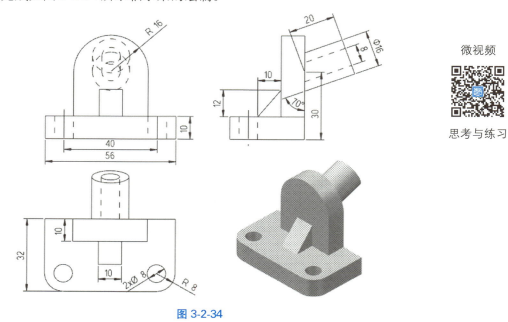

微视频

思考与练习

图 3-2-34

◆ **任务评价**

表 3-2-2 任务自我评价表

任务名称：				班级：		姓名：		
序号	评价项目	评价要求	设计参数	实际参数	完成度	是否完成	备注	是否需要帮助
1	识图	准确识别图素					识别图素数量与图形图素一致为完成	
2	绘图步骤设计	设计步骤与实际步骤是否一致	设计步骤（　）	实际步骤（　）			一致为完成	
3	用时	规定用时（　）	计划用时（　）	实际用时（　）			实际用时在规定用时内为完成	
4	图形准确性	图形尺寸检查		与原图一致性			对比标注数据，完全正确为完成	
5	合作与沟通	是否独立完成	是		否		完成所有描述，则完成该项	
			独立完成部分描述					
			是否讨论					
			讨论参与人员					

自我评价(100字以内,描述学习到的新知与技能,需要提升或获得的帮助):

是否完成判定:

日期:

任务 3.3　轴、盘类零件的数字化设计

◆　**任务目标**

对于轴、盘类零件,除了用基本实体进行布尔运算获得模型外,还可以利用这类零件中心对称的特性,通过"实体旋转"命令来创建模型。本任务通过阶梯轴径向投影轮廓的实体旋转来绘制阶梯轴的实体图形。

◆　**任务引入**

根据要求,完成如图 3-3-1 所示阶梯轴零件的绘制。

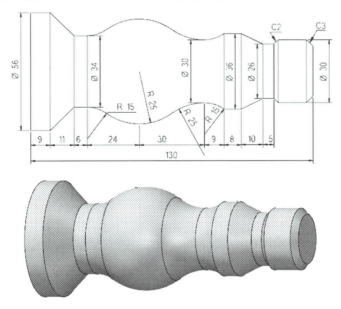

图 3-3-1

◆　**任务分析**

阶梯轴零件的绘制步骤详见表 3-3-1。

表 3-3-1　阶梯轴零件的绘制步骤

1. 绘阶梯轴 1/2 径向投影图	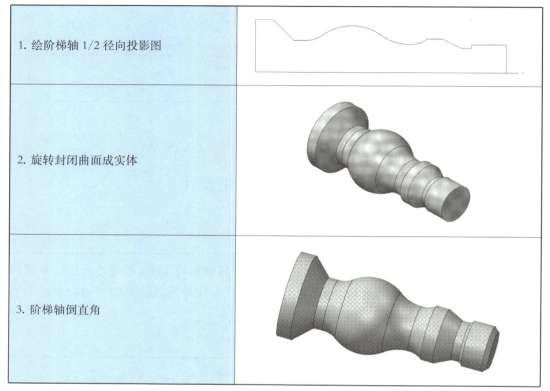
2. 旋转封闭曲面成实体	
3. 阶梯轴倒直角	

◆　**相关新知**

旋转建模时,旋转的角度可以是任意的,旋转的方向可以采用右手定则判定:握住旋转轴,大拇指沿着旋转轴箭头方向,四指环绕的方向即为旋转方向。

旋转建模,不仅能对实体操作,还能对薄壁操作。

◆　**任务实施**

打开 Mastercam 2020,单击快捷访问栏中 🖫 按钮,根据提示命名"阶梯轴零件",以默认方式 保存类型(T): Mastercam 文件 (*.mcam) 保存。

1. 平面投影图

① 定义曲线、旋转实体两个图层,前视图为构图面和视图面。单击"线框"菜单,单击"绘线"模块中"连续线"命令,根据提示 指点第一个端点 ,选取原点,"连续线"管理框中设置长度为 140,绘制中心线。

② 单击"连续线"命令,以原点为起点绘制长度超过 28 的垂直线,如图 3-3-2 所示;用"绘线"模块中"平行线"命令绘制距离左端垂直线为 9 的垂直线。

图 3-3-2

③ 依次类推，分别绘制出距离 11、6、24、30、9、8、10、5、18 的垂直线，如图 3-3-3 所示。

图 3-3-3

④ 使用"平行线"命令绘制中心线上方的五条水平线，距离分别是 13、15、17、18、28，如图 3-3-4 所示。

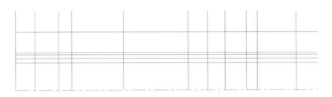

图 3-3-4

⑤ 使用"连续线"命令中任意线类型绘制阶梯轴部分边界轮廓线，如图 3-3-5 所示。

图 3-3-5

⑥ 单击"线框"菜单，单击"圆弧"模块中"两点画弧"命令，根据提示分别点取 a、b 点，在"两点画弧"管理框中设置半径为 15，绘制 R15 圆弧，如图 3-3-6 所示。

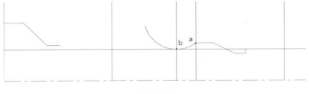

图 3-3-6

⑦ 使用"已知点画弧"命令,分别以 c、d 点为圆心画半径 $R15$ 和 $R25$ 的圆弧,用"切弧命令"画出与右边两圆弧相切的小圆弧,如图 3-3-7 所示。

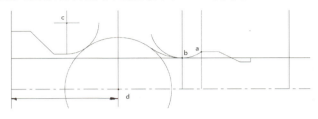

图 3-3-7

⑧ 单击"线框"菜单,单击"修剪"模块中"修剪到图素"命令,选择修剪两物体方式,删除多余线段,最后将轮廓线首尾相连,完成一个封闭曲面边界,如图 3-3-8 所示。

图 3-3-8

微视频

"线框"命令
绘制阶梯
轴截面图形

2. 旋转实体

① 选用实体图层,观察角度为等角视图。单击"实体"菜单,单击"创建"模块中"旋转"命令,根据提示 选择旋转的串连 1 ,用串连模式选取封闭曲线轮廓,再根据提示 选择要用作旋转轴的线。 ,选取中心线,出现"旋转实体"管理框,参数设置如图 3-3-9 所示,点击 ✅ 确定,生成实体,如图 3-3-10 所示。

图 3-3-9

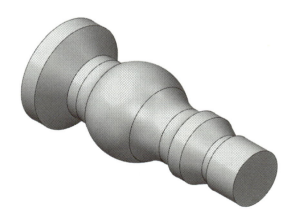

图 3-3-10

② 使用"实体倒直角"命令,将轴右端面及对应轴段另一面进行倒直角,完成如图 3-3-11 所示的阶梯轴实体建模。

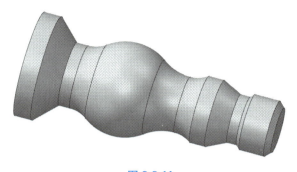

微视频

实体"旋转"
命令(一)

图 3-3-11

◆ **拓展训练**

盘类零件建模及开孔。完成图 3-3-12 端盖的开孔建模。

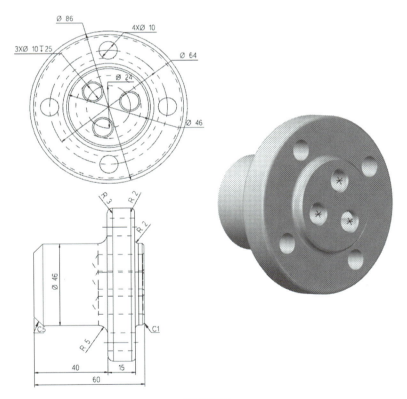

图 3-3-12

① 定义线框、实体两个图层,当前为线框图层,俯视图构图面,使用"线框"菜单中的"绘图"命令,绘制如图 3-3-13 所示的线框。

② 修改当前为实体图层,使用"实体"菜单中的"旋转"命令绘制端盖,如图 3-3-14 所示。

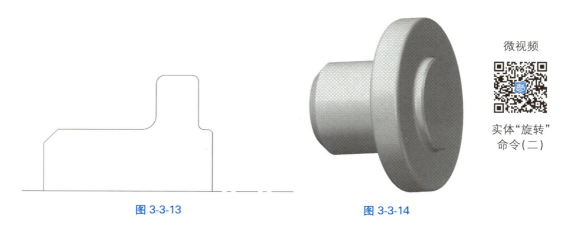

微视频

实体"旋转"
命令(二)

图 3-3-13　　　　　　　　　　图 3-3-14

③ 构图面为左视图,选线框图层,使用"点半径画圆"命令,以右端面中心为圆心画辅助圆,设置半径为 32,再在辅助圆四个象限点位置绘制辅助点,如图 3-3-15 所示。

④ 实体图层,单击"实体"菜单,单击"创建"模块中"孔"命令,出现"孔"管理框,使用管理框中位置功能 ⊕ ,点取 a、b、c、d 四个开孔位置点,按 Enter 键确定,设置孔管理框参数如图 3-3-16 所示。得到如图 3-3-17 所示实体。

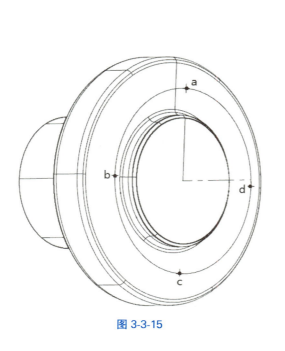

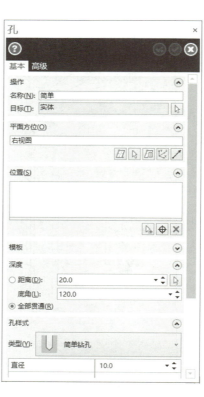

图 3-3-15　　　　　　　　　　图 3-3-16

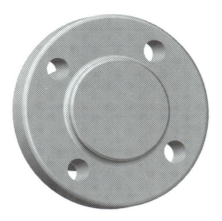

微视频

"孔"命令
（一）

图 3-3-17

⑤ 使用实体"孔"命令，在选孔位置时，根据提示 选择孔位置顶部。完成后按 Enter。 ，用 ⊥相对点 命令，以右端面圆心为基点，设置相对角度为 30°，相对距离位置 1212，绘制深为 25，底角为 120° 的深孔。如图 3-3-18 所示设置"孔"管理框中参数（该管理框平面方位模块的 ⇲ 可以选择修改的开孔方向）。相同方式绘制另外两个深孔，相对角度分别为 150° 和 270°，如图 3-3-19 所示。

微视频

"孔"命令
（二）

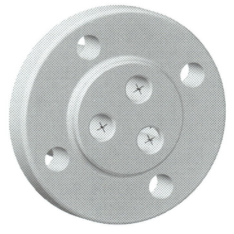

图 3-3-18　　　　　　　　　　图 3-3-19

◆ **思考与练习**

完成如图 3-3-20 所示带孔圆盘的绘制。

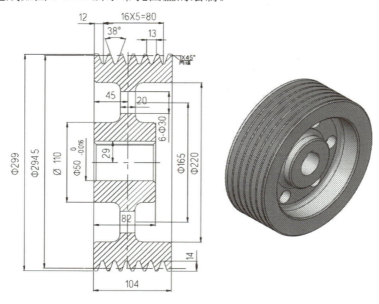

微视频

思考与练习

图 3-3-20

◆ **任务评价**

表 3-3-2 任务自我评价表

任务名称：				班级：		姓名：		
序号	评价项目	评价要求	设计参数	实际参数	完成度	是否完成	备注	是否需要帮助
1	识图	准确识别图素					识别图素数量与图形图素一致为完成	
2	绘图步骤设计	设计步骤与实际步骤是否一致	设计步骤（　）	实际步骤（　）			一致为完成	
3	用时	规定用时（　）	计划用时（　）	实际用时（　）			实际用时在规定用时内为完成	
4	图形准确性	图形尺寸检查		与原图一致性			对比标注数据，完全正确为完成	
5	合作与沟通	是否独立完成	是		否		完成所有描述，则完成该项	
			独立完成部分描述					
			是否讨论					
			讨论参与人员					

自我评价(100 字以内,描述学习到的新知与技能,需要提升或获得的帮助):
是否完成判定:
日期:

任务 3.4　箱体类零件的数字化设计

◆　任务目标

　　箱体类零件是机器(或部件)的基础零件,它将机器(或部件)中的轴、套、齿轮等有关零件组装成一个整体,使它们之间保持正确的相对位置,并按照一定的传动关系协调地传递运动或动力。箱体的设计与加工将直接影响机器(或部件)的精度、性能、寿命。通过本任务曲顶箱体零件的实体建模,引入举升实体、扫描实体的创建方式,学会"抽壳""实体倒圆角"等命令,熟练掌握实体布尔运算、实体拉伸、实体孔等操作。

◆　任务引入

　　根据要求,完成如图 3-4-1 所示的曲顶箱体零件绘制。

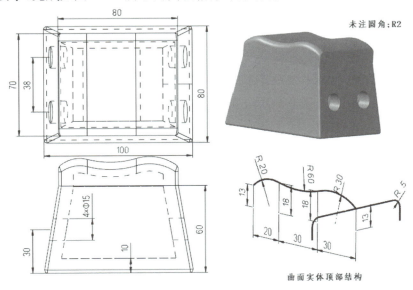

图 3-4-1

◆ **任务分析**

创建箱体类零件的重点是绘制三维线框,本任务中创建曲面箱体的方式是采用三维线框举升实体、扫描实体,再用布尔运算使其结合成曲面箱体。由于结合过程中不能形成一个完整的箱体,中间需要一个拉伸实体进行填充。

用三维线框生成曲面,再由封闭的曲面生产实体,这个是箱体类零件的另一种创建思路。

曲顶箱体的绘制步骤见表 3-4-1。

表 3-4-1　曲顶箱体的绘制步骤

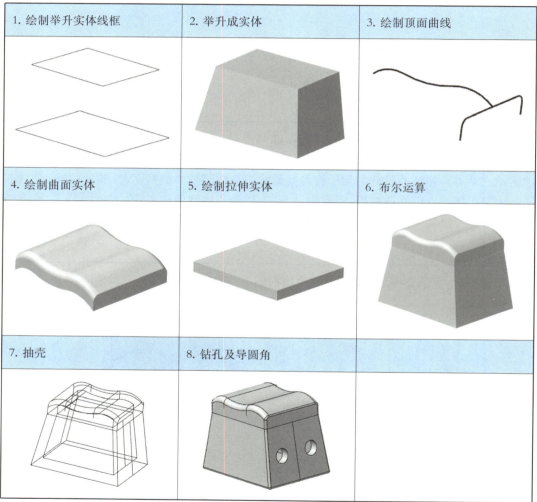

1. 绘制举升实体线框	2. 举升成实体	3. 绘制顶面曲线
4. 绘制曲面实体	5. 绘制拉伸实体	6. 布尔运算
7. 抽壳	8. 钻孔及导圆角	

◆ **相关新知**

举升实体时必须保证截面轮廓是一个封闭曲线,举升多个截面时要按顺序拾取,起点相同,绕行方向一致。

扫描实体时可以是一个截面沿一条引导线扫描,也可以是多个截面沿一条引导线扫描,注意多个截面必须共面。

"实体抽壳"命令可以使箱体类零件内部清空,形成一个与外形一致的内腔。

◆ **任务实施**

打开 Mastercam 2020,单击快捷访问栏中 💾 按钮,根据提示命名"曲顶箱体",以默认方式 保存类型(T): Mastercam 文件 (*.mcam) 保存。

1. 绘制举升实体线框

① 定义图层 1、2,图层 1 为当前图层,俯视图为构图面和视图面。

② 单击"线框"菜单,单击"形状"模块中"矩形"命令,出现"矩形"管理框,如图 3-4-2 所示设置参数。根据命令提示 选择基准点。 ,选择原点为基准点,绘制 100×80 的矩形。以同样的方式,在 $Z = 60$ 的位置绘制 80×70 的矩形。完成举升实体的三维线框绘制,如图 3-4-3 所示。

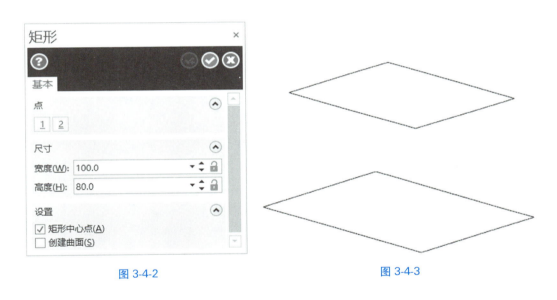

图 3-4-2　　　　　　　　　　　图 3-4-3

2. 举升成实体

① 选用图层 2,将等角视图设置为观察视图。

② 单击"线框"菜单,单击"修剪"模块中"两点打断""打断成两段"命令,根据命令提示 选择要打断的图素。 ,选择与 X 轴正方向空间垂直的两条矩形边为目标,再根据提示 指定打断位置。 ,选取中点为断点,完成两直线打断。

③ 单击"实体"菜单,单击"创建"模块中"举升"命令,弹出"线框串连"对话框,如图 3-4-4 所示。根据命令提示 举升曲面:定义外形 1 ,用"串连"模式依次点取两矩形边,点取的位置靠近打断的中点,使两直线绕行方向一致,如图 3-4-5 所示,单击 ✅ 确定,出现"举升"管理框,单击 ◉ 确定,完成举升实体创建,如图 3-4-6 所示。

图 3-4-4

图 3-4-5

图 3-4-6

图 3-4-7

微视频

"矩形"命令

3. 绘制顶面曲线

① 定义图层 3 为曲顶线框,层 4 为曲顶实体,前视图为构图面,等角视图为屏幕视图。

② 选用图层 1,单击"线框"菜单,单击"绘线"模块中"连续线"命令,绘制高度为 13 的两根辅助线,如图 3-4-7 所示。

③ 单击"转换"菜单,单击"位置"模块中"平移"命令,出现"平移"管理框,根据命令提示 平移/阵列 选择要平移/阵列的图素 ,选中左边高度为 13 的直线,单击 结束选择 按钮,设置"平移"管理框中 X 轴方向数值为 20,绘制第三根辅助线,再使用"线框"菜单"修剪"模块中的"修改长度"命令,将第三根辅助线高度改成 18,继续使用"平移"命令绘制第四条辅助线,完成后如图 3-4-8 所示。

④ 选图层 3,用"两点画弧"命令分别以 1、2 和 3、4 两组辅助直线的顶点画两段圆弧,然后使用"两物体切弧"命令绘制这两段弧的切弧,设置半径为 60,再使用"修剪"模块"修剪到图素"命令修剪两个物体,使三段圆弧光滑连接,如图 3-4-9 所示。

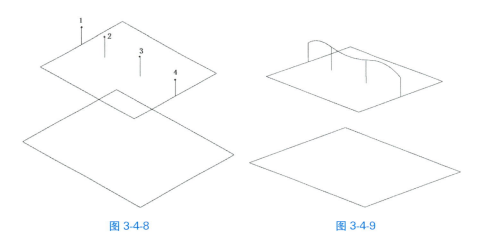

图 3-4-8　　　　　　　　　　　　图 3-4-9

⑤ 设置右视图为构图面,用"连续线"命令中垂直类型绘制高度为 13 的两根直线,相距 70,用任意线类型连接这两根直线的顶点,再用导圆角命令导出半径为 5 的两段圆弧,将 80×70 矩形的一条边改成图层 3,隐藏图层 1,曲顶箱体顶部线框如图 3-4-10 所示。

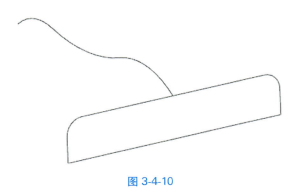

图 3-4-10

微视频

"平移与画弧"命令

4. 绘制曲面实体

选用图层 4，单击"实体"菜单，单击"创建"模块中"扫描"命令，弹出"线框串连"对话框，根据命令提示 选择要扫描的串连1 ，用"线框串连"对话框中"串连"模式选取封闭的圆角矩形轮廓，单击 ⊘ 确定，系统提示 选择图素以开始新串连(2) ，用"部分串连"方式选中三段圆弧，单击 ⊘ 确定，出现"扫描"管理框，如图 3-4-11 所示，单击 ⊘ 确定，完成扫描实体创建，如图 3-4-12 所示。

5. 绘制拉伸实体

定义图层 5 为拉伸实体，设为当前图层，单击"实体"菜单，单击"创建"模块中"拉伸"命令，拉伸高度为 8（不要大于 8），选取 80×70 矩形为拉伸对象，如图 3-4-13 所示。

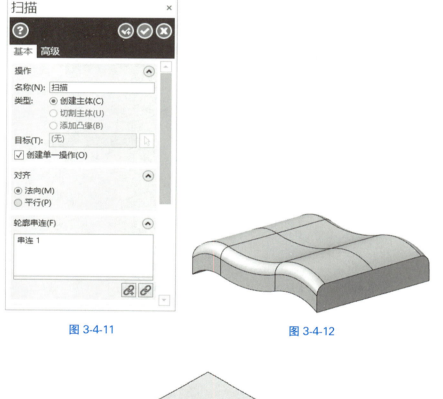

图 3-4-11　　　　　　图 3-4-12

微视频

绘制曲顶实体

微视频

绘制填充实体

图 3-4-13

6. 布尔运算结合

单击"实体"菜单，单击"创建"模块中"布尔运算"命令，出现"布尔运算"管理框，根据命令提示 选择工具主体。 ，再单击管理框中工具主体的" ▷ "进行目标选择，弹出"实体选择"对话框，依次点取举升实体、拉伸实体、曲面实体，单击 ✓ 确定，如图 3-4-14 所示实体。

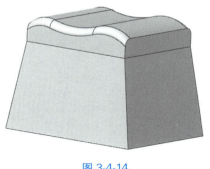

图 3-4-14

微视频

实体"布尔运算"命令

7. 抽壳

单击"实体"菜单，单击"修剪"模块中"抽壳"命令，根据命令提示 选择实体主体，或一个或多个处于打开状态的面。 ，单击任一个侧面，然后按 Enter 键确定，出现"抽壳"管理框，设置参数如图 3-4-15 所示，单击 ✓ 确定，完成抽壳，如图 3-4-16 所示（如果出现被选择的侧面全部被抽壳，需要用抽壳管理框的全部重新选择工具重新点取该侧面）。

图 3-4-15

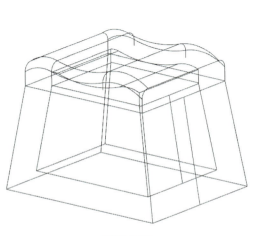

图 3-4-16

微视频

"抽壳"命令

8. 钻孔及导圆角

① 选用图层 1，构图面为右视图，设等角视图为观察视图，使用"连续线"命令中两点画线命令绘制实体右侧面的三根直线，使用"圆弧"命令在其中两段直线的中点画半径为 7.5 的圆，如图 3-4-17 所示。

② 单击"实体"菜单，单击"创建"模块中"拉伸"命令，切割曲顶箱体，如图 3-4-18 所示。

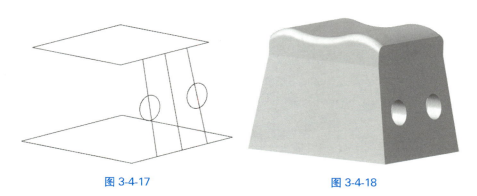

图 3-4-17　　　　　　　　　　　图 3-4-18

③ 单击"实体"菜单，单击"修剪"模块中"固定半径倒圆角"命令，根据命令提示 选择要倒圆角的单个或多个图数。 ，依次点取左右两端面的边界线，然后按 Enter 键确定，出现"固定圆角半径"管理框，如图 3-4-19 所示进行参数设置，曲顶箱体如图 3-4-20 所示。

微视频

实体"孔"和"倒圆角"命令

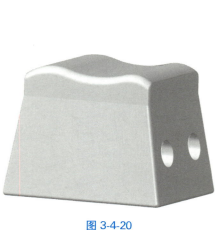

图 3-4-19　　　　　　　　　　　图 3-4-20

◆　**拓展训练**

设计如图 3-4-21 所示螺纹工件。

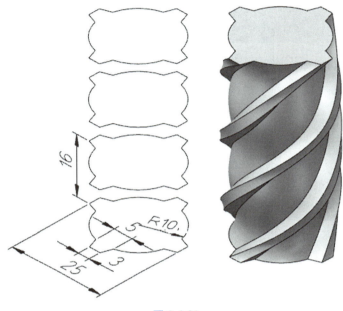

图 3-4-21

① 定义线框、实体两个图层，当前为线框图层，俯视图为构图面，等角视图观察。使用"线框"菜单中的"圆弧"命令，绘制半径为 10 的圆。

② 使用"线框"菜单中的"矩形"命令绘制四个矩形分别为 25×5，5×25，25×3，3×25，如图 3-4-22 所示。

③ 将圆上八个点分别与矩形上对应八个点相连，再用"分割"命令 ✕ **分割** 修剪多余部分（必须删掉重复的线），如图 3-4-23 所示。

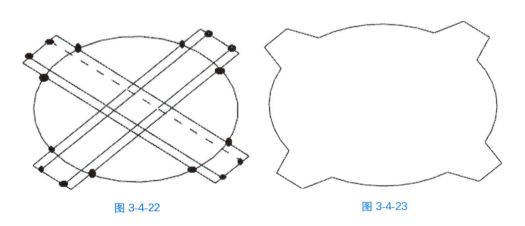

图 3-4-22　　　　　　　　　　　　　　图 3-4-23

④ 单击"转换"菜单，单击"位置"模块中"平移"命令，根据命令提示选中全部目标，如图 3-4-24 所示，设置"平移"管理框中参数，单击 确定如图 3-4-25 所示。

图 3-4-24

图 3-4-25

⑤ 单击"实体"菜单，单击"创建"模块中"举升"命令，根据提示 举升曲面:定义 外形1 ，如图 3-4-26 所示，顺序选中 a、b、c、d 四个目标，螺纹工件创建完成，如图 3-4-27 所示。

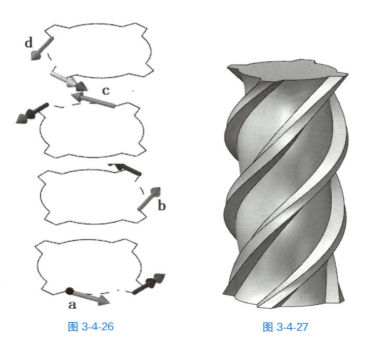

图 3-4-26　　　　　　　　　　图 3-4-27

◆　**思考与练习**

完成如图 3-4-28 所示印章的绘制。

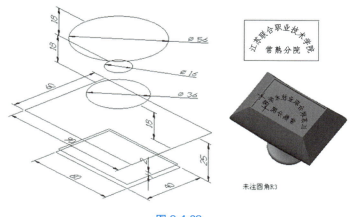

微视频

思考与练习

未注圆角R3

图 3-4-28

◆　**任务评价**

表 3-4-2　任务自我评价表

任务名称：				班级：		姓名：		
序号	评价项目	评价要求	设计参数	实际参数	完成度	是否完成	备注	是否需要帮助
1	识图	准确识别图素					识别图素数量与图形图素一致为完成	
2	绘图步骤设计	设计步骤与实际步骤是否一致	设计步骤（　）	实际步骤（　）			一致为完成	
3	用时	规定用时（　）	计划用时（　）	实际用时（　）			实际用时在规定用时内为完成	
4	图形准确性	图形尺寸检查		与原图一致性			对比标注数据，完全正确为完成	
5	合作与沟通	是否独立完成	是		否		完成所有描述，则完成该项	
			独立完成部分描述					
			是否讨论					
			讨论参与人员					
自我评价(100字以内，描述学习到的新知与技能，需要提升或获得的帮助)：								
是否完成判定：								
							日期：	

183

项目四

二维加工

任务 *4.1* 密封轴套的加工

◆ **任务目标**

通过本任务的学习,学会使用"机床"菜单中"车床"刀路"标准"模块中的"车端面""粗车""精车""沟槽""车螺纹"命令,"零件处理"模块中的"毛坯翻转"等基本加工命令,并提升针对零件图形制订合理加工工艺步骤的能力。

◆ **任务引入**

根据要求,完成如图 4-1-1 所示密封轴套的加工。

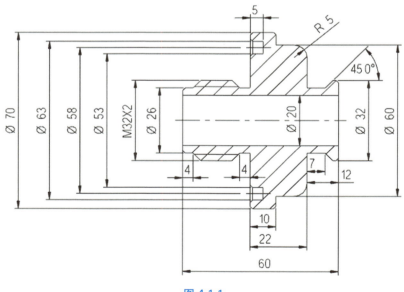

图 4-1-1

◆　**任务分析**

密封轴套的加工步骤见表 4-1-1。

表 4-1-1　密封轴套的加工步骤

1. 移动到原点	2. 毛坯设定	3. 车端面
4. 粗车外圆	5. 沟槽粗加工	6. 精车外圆
7. 毛坯翻转	8. 刀路复制及修整	9. 侧壁槽加工
10. 螺纹加工	11. 内孔加工	12. 验证

◆　**相关新知**

车削菜单是 Mastercam 2020 CAM 部分的一个重要组成。车削菜单包括"标准""C轴""零件处理""毛坯""工具"五大模块。标准模块包括："粗车""精车""钻孔""车端面""车螺纹""车端面"等常用车削命令,满足两轴车床的应用。C轴模块包括："端面外形""C轴外形""径向外形""端面钻孔"等车铣命令,满足三轴及三轴以上的车铣中心的应用。零件处理模块包括："毛坯翻转""同步装夹""毛坯调动""卡爪"等装夹处理方式。毛坯模块包括："毛坯着色切换""显示与隐藏""毛坯模型"等毛坯处理命令。工具模块包括："刀具处理""刀路转换"等工具及刀路处理命令。本任务内容主要围绕标准模块对 2D 车削零件图形进行刀路生成。

1. 坐标系设定

坐标系在 Mastercam 中包括：世界坐标系（系统默认）、工作坐标系（WCS）、构图平面坐标系、刀具平面坐标系、视图坐标系等。其中世界坐标系为系统默认，不可以切换位置或更换。工作坐标系（WCS）以世界坐标系为参考，其余三个坐标系都是以工作坐标系（WCS）为参考。在 CNC 加工中，为了方便程序编制与加工参数设定，需要当前加工的工件坐标原点与工作坐标原点重合，即工件坐标系和工作坐标系（WCS）重合。例如：一般车削

微视频

坐标系设定

零件的工件坐标原点在工件的最右侧或最左侧轴心点上，一般铣削零件在工件顶面位置。坐标系设定需要使用"视图"菜单"显示"模块中"显示指南"命令和"转换"菜单"位置"模块中"移动到原点"命令。坐标系设定步骤如下。

① 快捷访问栏中 按钮，打开文件"4.1 相关新知车削模型"，单击"视图"菜单，单击"显示"模块"显示指南"命令，如图 4-1-2 所示，绘图区图形如图 4-1-3 所示。

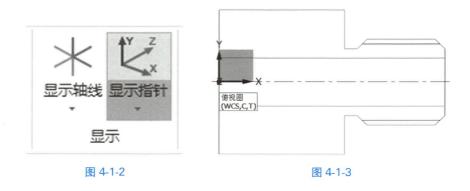

图 4-1-2   图 4-1-3

② 单击"转换"菜单，单击"位置"模块中"移动到原点"命令，如图 4-1-4 所示。

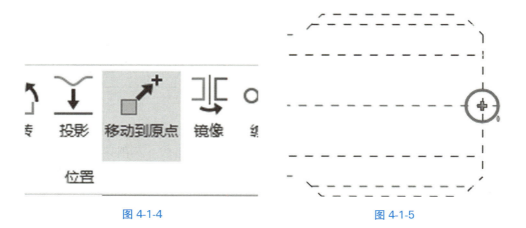

图 4-1-4   图 4-1-5

③ 绘图区提示 选择平移起点 ，单击图形右侧中点，如图 4-1-5 所示，此时，工件图形位置如图 4-1-6 所示。

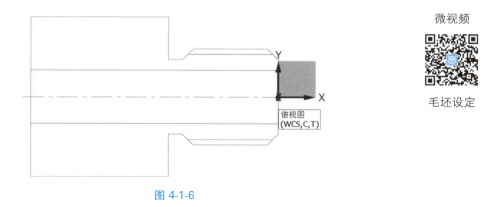

微视频

毛坯设定

图 4-1-6

2. 毛坯设定

在 Mastercam 2020 中，毛坯设定的作用是使用户能够更加清楚地观察刀具路径在仿真过程中的情况，以便更加精准定位刀路设定中存在的问题，从而制订有效的解决方案，防止在实际工况中出现问题导致工具报废或引起安全事故。Mastercam 2020 提供了两种毛坯设定方案，第一种是在"刀路"管理框中"属性"里的"毛坯设置"，这种毛坯设置方案主要针对刀路生成的过程进行大致观察，并不能显示模拟结果；第二种是在车床或铣床模式下使用"毛坯"模块中的"毛坯模型"命令进行设定，这种毛坯方案可以在验证模拟中进行非常精准的刀路观察。所以，在实际应用中，这两种毛坯都需要在 Mastercam 2020 中设定。毛坯设定的步骤如下。

① 使用"线框"菜单中"修剪"模块，将图形修剪至如图 4-1-7 所示。

② 单击"机床"菜单，单击"机床类型"模块"车床"命令，选择一款控制方式，如图 4-1-8 所示。

图 4-1-7

图 4-1-8

③ "刀路"管理框显示"机床加工群组-1"，单击"属性"前面的" ＋ "号，显示如图 4-1-9 所示。

④ 单击"属性"下的"毛坯设置"命令，弹出"机床群组属性"对话框，如图 4-1-10 所示。

⑤ 单击"毛坯"区参数 参数... 按钮，如图 4-1-11 所示，弹出"机床组件管理-毛坯"对话框，如图 4-1-12 所示。

图 4-1-9

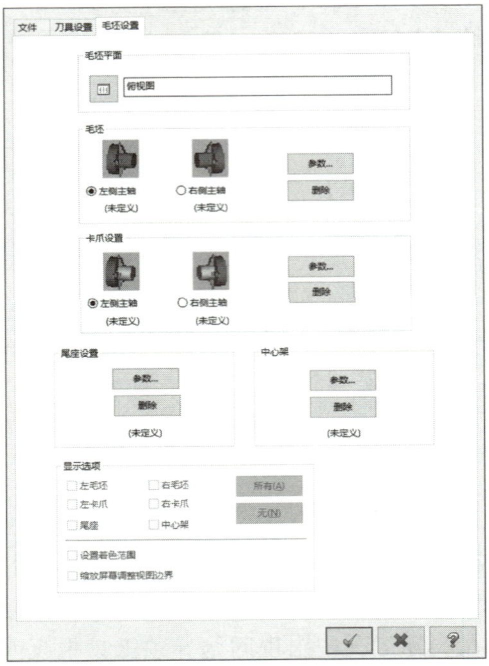

图 4-1-10

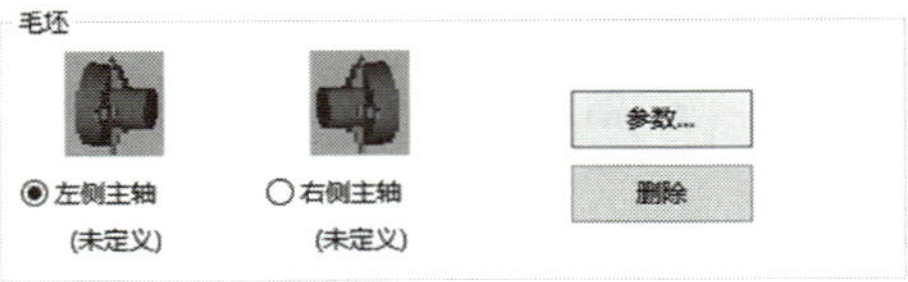

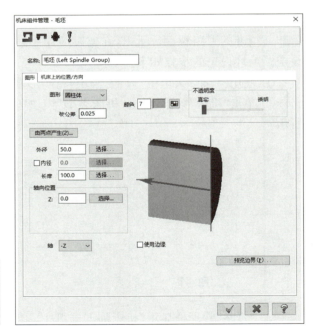

图 4-1-11

图 4-1-12

⑥ 默认形状为"圆柱体"，单击"外径"后的选择 选择... 按钮，绘图区提示 选择圆柱体基准点 ，单击工件图形最大外径边，如图 4-1-13 所示。

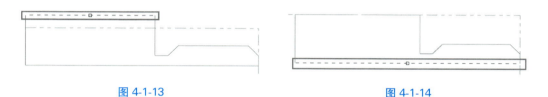

图 4-1-13　　　　　　　　　　　　　图 4-1-14

⑦ 勾选内径☑内径，单击"内径"后 选择... 按钮，根据绘图区提示，单击工件内孔边，如图 4-1-14 所示。

⑧ 单击"长度"后的选择 选择... 按钮，单击图形轴向最长边，此时的最长边仍然为工件内孔边，单击内孔边，如果工件两端有倒角或打断图形，在确定工件总长之后可以直接输入数值。

⑨ 此时参数如图 4-1-15 所示，为毛坯设定 2 mm 的加工余量，所有尺寸增加 2 mm，"轴向位置"的"Z"值输入 2，最终数据如图 4-1-16 所示。

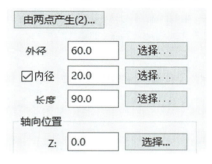

图 4-1-15

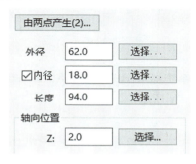

图 4-1-16

⑩ 单击 ✔ 确定，返回"机床群组属性"对话框。

⑪ 单击"卡爪设置" 参数... 按钮，如图 4-1-17 所示，弹出"机床组件管理-卡盘"对话框，如图 4-1-18 所示。

图 4-1-17

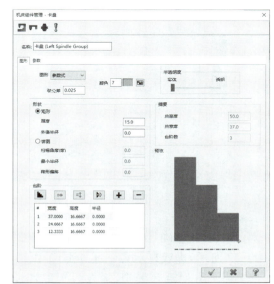

图 4-1-18

⑫ 单击"参数",单击"位置"选项下的"选择"按钮 [选择(S)...] ,如图 4-1-19 所示。

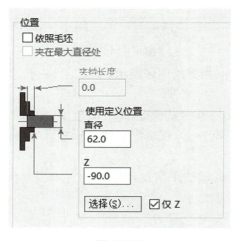

图 4-1-19

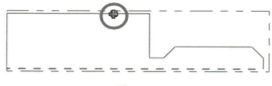

图 4-1-20

⑬ 系统提示 [选择卡爪参考点位置] ,单击工件夹持合适位置,如图 4-1-20 所示,位置参数如图 4-1-21 所示。

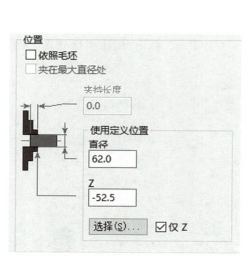

图 4-1-21

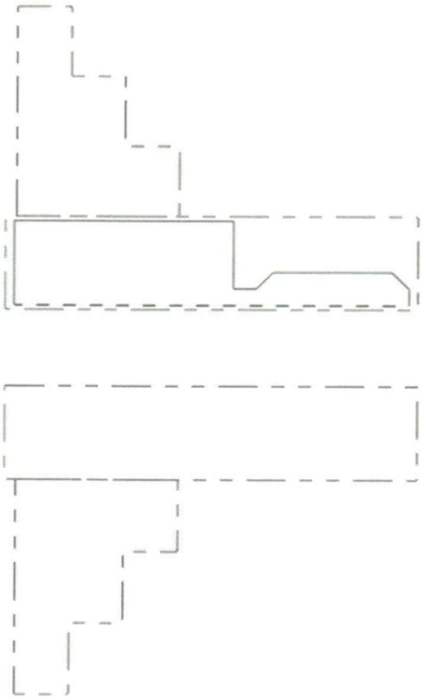

图 4-1-22

⑭ 单击 [✓] 确定,返回"机床群组属性"对话框,单击 [✓] 确定,此时绘图区显示如图 4-1-22 所示,虚线显示为毛坯外形尺寸。

⑮ 为了方便毛坯模拟,需要设置毛坯模型,单击"车削"菜单"毛坯"模块中"毛坯模型"命令,如图 4-1-23 所示。

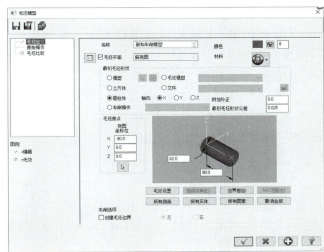

图 4-1-23　　　　　　　　　　图 4-1-24

⑯ 弹 出 "毛 坯 模 型"对 话 框，输 入 名 称 "新 知 车 削 模 型" ，单击"圆柱体"选项，输入毛坯原点：X-90，Y0，Z0；输入毛坯尺寸：62，90，完成后如图 4-1-24 所示。

⑰ 单击 √ 确定，完成毛坯设定，如图 4-1-25 所示。

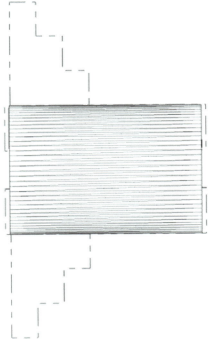

图 4-1-25

3."车端面"命令

车端面是指对工件的端面进行车削。车削零件一般第一步就是车端面，用来平整毛坯端面，获得可靠的表面质量和垂直度，同时作为 Z 向的参考零点位置。"车端面"命令在"车削"菜单下"标准"模块中。

微视频

"车端面"命令

① 单击"车削"菜单"标准"模块下拉菜单中"车端面"命令，如图 4-1-26 所示。

② 弹出"车端面"对话框，如图 4-1-27 所示。

图 4-1-26

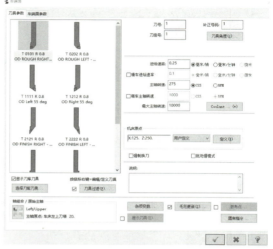

图 4-1-27

③ 选择一把端面车刀，设置参数，如图 4-1-28 所示，勾选"显示刀具"，勾选"参考点"，单击按钮，弹出"参考点"对话框，设置"进入"参数，完成后单击 → 按钮同步，如图 4-1-29 所示，为了方便刀路的显示，设置：X = 50，Z = 50。

图 4-1-28

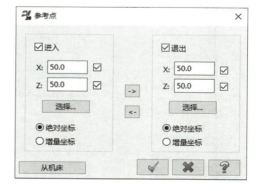

图 4-1-29

④ 单击 ✓ 确定，返回"车端面"对话框。

⑤ 单击"车端面参数"选项,这里可以设置其他参数,例如常见的粗车步进量、断削、切入/切出、预留量等。如果端面要求不高,一般精毛坯不分粗、精加工,如果端面要求比较高,需要预留余量再进行一次端面的精加工,单击 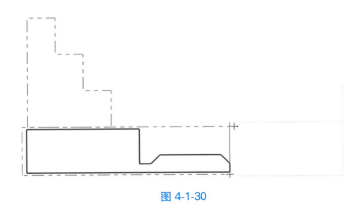 确定,刀路如图 4-1-30 所示。

微视频

"粗车"命令

图 4-1-30

4. "粗车"命令

粗车是将毛坯尺寸加工成需要尺寸的过程,一般放在工序的起始位置,也称之为粗加工。主要是快速将毛坯零件的余量去除,不需要考虑表面粗糙度、尺寸精度等要求,在半精车或精车之前执行,为精加工留适当余量。"粗车"命令在"车削"菜单"标准"模块中。

① 单击"车削"菜单"标准"模块下拉菜单中"粗车"命令,如图 4-1-31 所示。

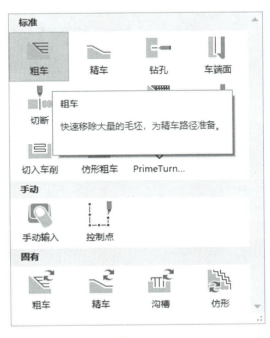

图 4-1-31

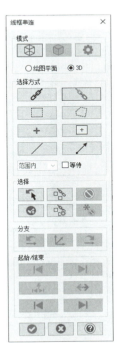

图 4-1-32

② 弹出"线框串连"对话框,如图 4-1-32 所示,绘图区提示 选择切入点或串连内部边界 ,选择"部分串连"命令,单击如图 4-1-33 所示图形,根据提示 选择最后一个图素。 ,单击如图 4-1-34 所示图形,单击 确定。

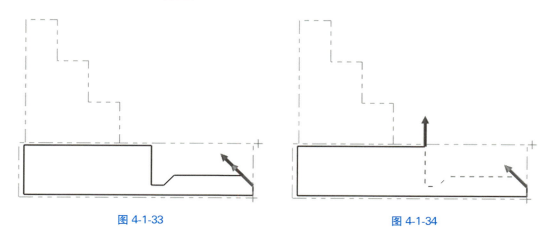

图 4-1-33　　　　　　　　　　　图 4-1-34

③ 弹出"粗车"对话框,如图 4-1-35 所示,选择刀具,设置加工参数,勾选"显示刀具",勾选并设置"参考点":X = 50,Z = 50。

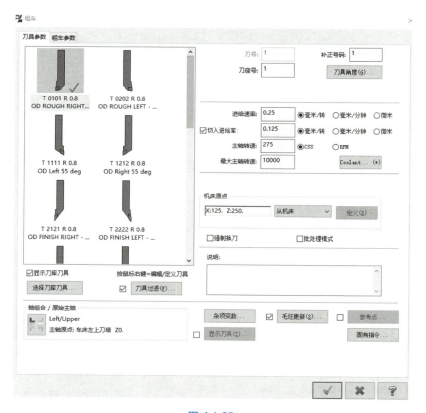

图 4-1-35

④ 单击"粗车参数"选项，设置粗车参数，"切削深度"：4；"预留量"：X = 0.2，Z = 0.2；"毛坯识别"："使用毛坯外边界"，单击 ☑️ 确定，生成刀路如图 4-1-36 所示。

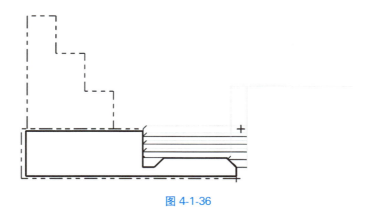

图 4-1-36

⑤ 在"粗车参数"对话框中勾选"断屑"选项，并单击"断屑"按钮，参数设置如图 4-1-37 所示，生成刀路如图 4-1-38 所示。

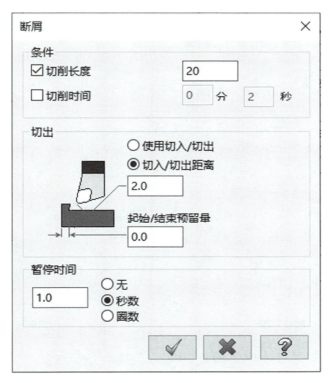

图 4-1-37

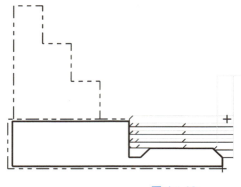

图 4-1-38

5."沟槽"命令

微视频

"沟槽"命令在"车削"菜单"标准"模块中,用于加工锯齿形状或凹槽区域,不可用于粗车或其他形状刀路。沟槽在车削零件中常见的有退刀槽、越程槽、轴肩槽、润滑槽、卡簧槽等,这些特征一般都需要使用"沟槽"命令进行。

① 单击"车削"菜单"标准"模块下拉菜单中"沟槽"命令,如图 4-1-39 所示。"沟槽"命令

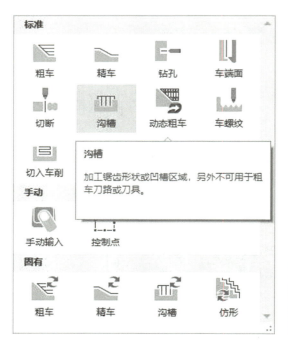

图 4-1-39

图 4-1-40

② 弹出"沟槽选项"对话框,如图 4-1-40 所示,单击 ✓ 确定,弹出"线框串连"对话框,根据提示,选择串连起点图素,如图 4-1-41 所示,串连终点图素,如图 4-1-42 所示,单击 ✓ 确定。

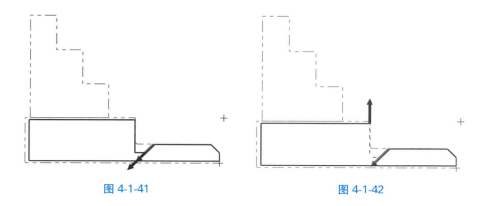

图 4-1-41 图 4-1-42

③ 弹出"沟槽粗车"对话框,选择 3 mm 槽刀(图 4-1-43),设置刀柄右偏,如图 4-1-44 所示,并设置加工参数,如图 4-1-45 所示。

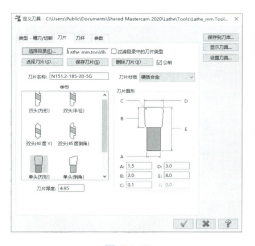

图 4-1-43

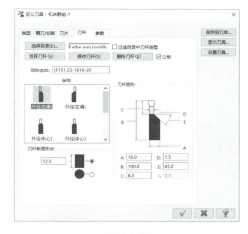

图 4-1-44

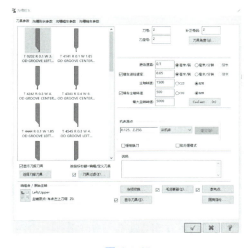

图 4-1-45

图 4-1-46

④ 单击"沟槽形状参数"选项,勾选"调整外形起始线"选项,弹出"调整轮廓线"对话框,设置如图 4-1-46 所示,单击 ✓ 确定。

⑤ 单击"沟槽粗车参数"选项,单击"壁槽"框"平滑"选项,如图 4-1-47 所示,勾选"啄车参数"选项并单击 啄车参数(K)... ,弹出"啄钻参数"对话框,参数设置如图 4-1-48 所示,单击 ✓ 确定。

图 4-1-47

图 4-1-48

⑥ 单击"沟槽精车参数"选项,取消勾选"精修"选项,所有参数设置完成后,单击 ✓ 确定,生成刀路,如图 4-1-49 所示。

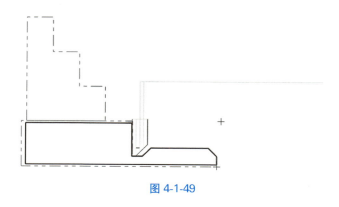

图 4-1-49

微视频

6."精车"命令

精车的主要作用是达到零件的全部尺寸和技术要求,一般放在加工工序的最后,也称为精加工。"精车"命令为精加工提供解决方案,该命令在"车削"菜单"标准"模块中。

"精车"命令

① 单击"车削"菜单"标准"模块下拉菜单中"精车"命令,如图 4-1-50 所示。

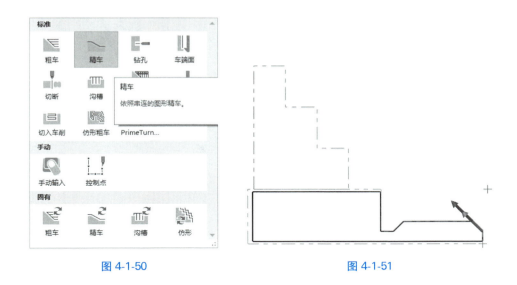

图 4-1-50   图 4-1-51

② 弹出"线框串连"对话框,根据提示,选择串连起点,如图 4-1-51 所示,选择串连终点,如图 4-1-52 所示,单击 ✓ 确定。

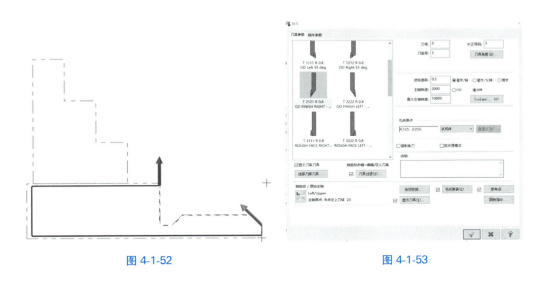

图 4-1-52   图 4-1-53

③ 弹出"精车"对话框,选择精车刀具,并设置相关参数,如图 4-1-53 所示。

④ 单击"精车参数"选项,勾选"向下车削"选项并单击该按钮,弹出"斜插切削参数"对话框,如图 4-1-54 所示,可设置该刀路参数,单击 ✓ 确定,返回"精车"对话框,该选项可以有效改善垂直台阶面的表面粗糙度,单击"切入参数"选项,弹出"车削切入参数"对话框,"车削切入设置"单击第三个类型,如图 4-1-55 所示。

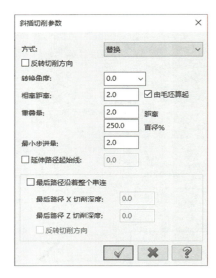

图 4-1-54

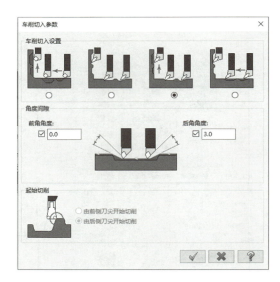

图 4-1-55

⑤ 单击 √ 确定,生成刀路如图 4-1-56 所示。

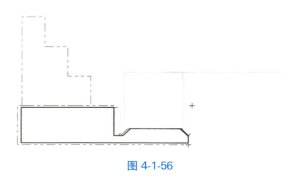

图 4-1-56

7."车螺纹"命令

车螺纹为车削加工中最常见的螺纹加工模式。"车螺纹"命令为普通三角螺纹和自定义螺纹加工提供解决方案。"车螺纹"命令在"车削"菜单"标准"模块中。

微视频

"车螺纹"命令

① 单击"车削"菜单下"标准"模块下拉菜单中"车螺纹"命令,如图 4-1-57 所示。

② 弹出"车螺纹"对话框,选择螺纹刀,刀杆类型选择偏移刀杆,如图 4-1-58 所示,其他参数设置如图 4-1-59 所示。

③ 单击"螺纹外形参数"选项,导程为 2,单击"大径"按钮,提示 大径:选择点 ,单击螺纹大径位置,如图 4-1-60 所示,单击 运用公式计算(F)... 按钮,弹出"运用公式计算螺纹"对话框,如图 4-1-61 所示,确认牙型等参数正确,单击 √ 确定。单击"起始位置"按钮 起始位置... ,提示 起始 Z:选择点 ,单击螺纹起点,如图 4-1-62 所示;单击"结束位置"按钮 结束位置... ,提示 终止 Z:选择点 ,单击螺纹终点,如图 4-1-63 所示,返回"车螺纹"对话框,如

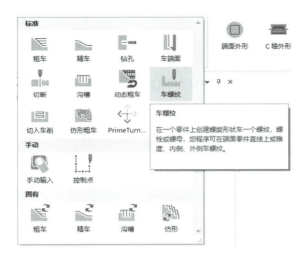

图 4-1-57

图 4-1-58

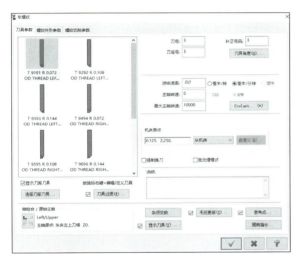

图 4-1-59

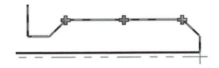

图 4-1-60

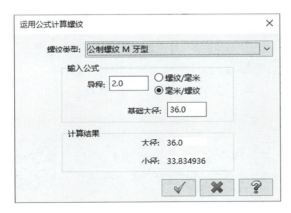

图 4-1-61

图 4-1-62

图 4-1-64 所示。

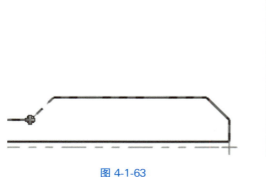

图 4-1-63

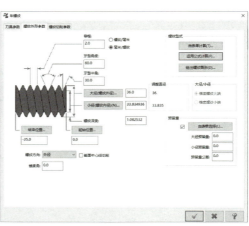

图 4-1-64

④ 单击"螺纹切削参数",选择"NC 代码"G32 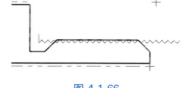,设置"退出延伸量"为 2,完成所有设置,如图 4-1-65 所示。

⑤ 单击 ✔ 确定,生成刀路如图 4-1-66 所示。

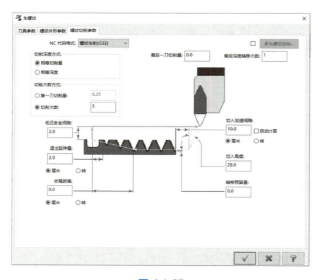

图 4-1-65

图 4-1-66

8. "毛坯翻转"命令

车削零件的过程中,因加工需求要进行零件掉头装夹,再进行加工,"毛坯翻转"命令为此提供解决方案。"毛坯翻转"命令在"车削"菜单"零件处理"模块中。

① 单击"车削"菜单"零件处理"模块下拉菜单中"毛坯翻转"命令,如图

微视频

"毛坯翻转"命令

4-1-67 所示。

② 弹出"毛坯翻转"对话框，如图 4-1-68 所示。

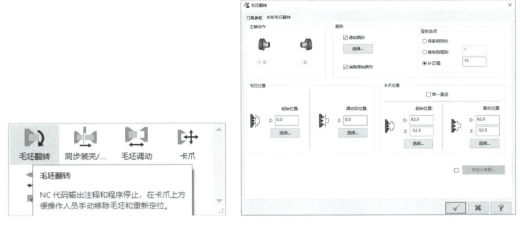

图 4-1-67　　　　　　　　　　　　　　　　图 4-1-68

③ 单击"图形"框中"调动图形"下方选择按钮 选择... ，提示 选择要转移的图素。完成后按 <Enter>: ，框选所有零件图素，如图 4-1-69 所示，按 Enter 键确定。单击毛坯位置框"调动后位置"选择按钮 选择... ，单击工件最左侧，如图 4-1-70 所示。单击卡爪位置框"最后位置"选择按钮 选择... ，单击工件合适位置，如图 4-1-71 所示，返回"毛坯翻转"对话框，如图 4-1-72 所示。

图 4-1-69　　　　　　　　　　　　　　　　图 4-1-70

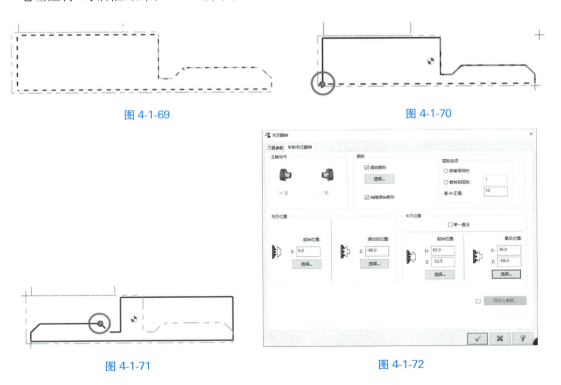

图 4-1-71　　　　　　　　　　　　　　　　图 4-1-72

④ 单击 ☑ 确定,完成工件翻转绘图区如图 4-1-73 所示。

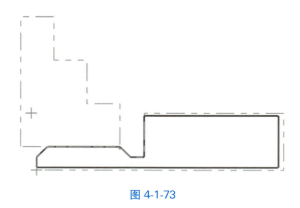

图 4-1-73

◆ **任务实施**

1. 新建文件

打开 Mastercam 2020,单击快捷访问栏中 📁 按钮,打开文件"4.1 密封轴套模型",单击"文件",选择"另存为"以"密封轴套加工"命令,以默认方式 保存类型(①): Mastercam 文件 (*.mcam) 保存。

2. 移动到原点

① 单击"视图"菜单,单击"显示指南"命令,图形显示如图 4-1-74 所示。

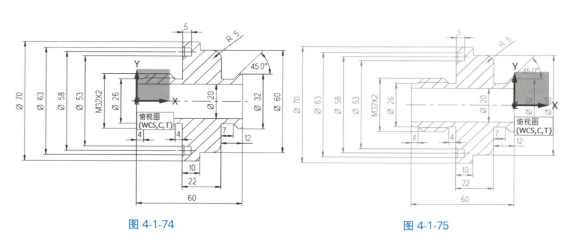

图 4-1-74　　　　　　　　　　　　　　　图 4-1-75

② 单击"转换"菜单,单击"移动到原点"命令,根据提示 选择平移起点 ,单击工件最右侧线框中点,完成后如图 4-1-75 所示。

3. 毛坯设定

① 使用"主页"菜单"删除"命令和"线框"菜单"修剪"模块修整图形,修整完成后的图形如图 4-1-76 所示。

② 单击"显示指针"命令,关闭 WCS 坐标显示。

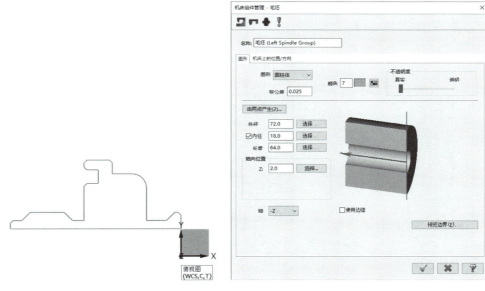

图 4-1-76　　　　　　　　　　　　　　　　　　图 4-1-77

③ 单击"机床"菜单，单击"机床类型"模块"车床"命令，选择一款控制方式。

④ 单击"刀路"管理框中"属性"的下拉选项"毛坯设置"命令，毛坯参数，如图 4-1-77 所示，卡爪位置如图 4-1-78 所示。

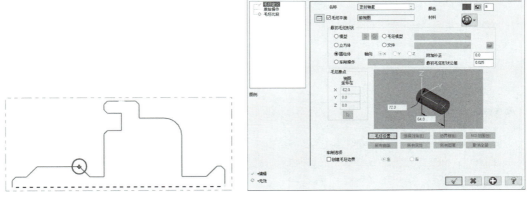

图 4-1-78　　　　　　　　　　　　　　　　　　图 4-1-79

⑤ 单击 ✓ 确定，完成毛坯设置。

⑥ 单击"车削"菜单下"毛坯"模块"毛坯模型"命令，设置毛坯模型。

⑦ 输入名称为"密封轴套" 名称 ⌈密封轴套⌉ 。

⑧ 单击"车削操作"选项 ◉车削操作 。

⑨ 单击"毛坯设置"按钮 ⌈毛坯设置⌉ ，毛坯模型设置如图 4-1-79 所示。

⑩ 单击 ✓ 确定，完成毛坯模型的设置，如图 4-1-80 所示。

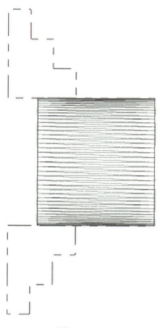

图 4-1-80

4. 车端面

① 单击"车削"菜单下"标准"模块的下拉菜单,选择"车端面"命令。

② 设置"车端面"对话框参数,参考点参数如图 4-1-81 所示,完成"刀具参数"设置,如图 4-1-82 所示。

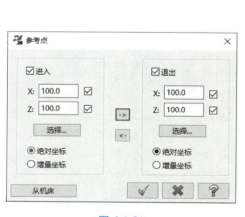

图 4-1-81

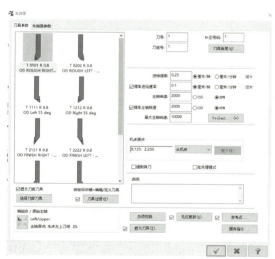

图 4-1-82

③ 完成"车端面参数"设置,如图 4-1-83 所示。

④ 单击 ✓ 确定,生产刀路如图 4-1-84 所示。

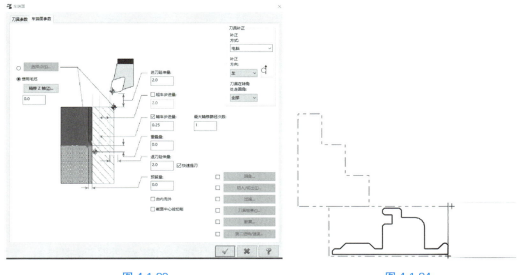

图 4-1-83　　　　　　　　　　　　　　图 4-1-84

5. 粗车外圆

① 单击"车削"菜单下"标准"模块的下拉菜单,选择"粗车"命令。

② 弹出"线框串连"对话框,绘图区提示 选择切入点或串连内部边界 ,选择"部分串连",点选图形如图 4-1-85 所示,根据提示 选择最后一个图素。 ,单击图形,如图 4-1-86 所示,单击 ⊘ 确定。

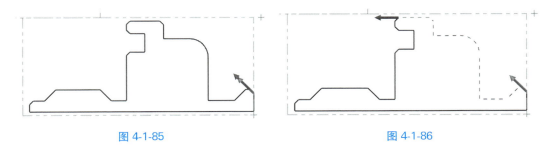

图 4-1-85　　　　　　　　　　　　　　图 4-1-86

③ 弹出"粗车"对话框;选择外圆车刀,设置加工参数,勾选"显示刀具",勾选并设置"参考点":X = 100,Z = 100。

④ 单击"粗车参数"选项。

⑤ 设置粗车参数,"切削深度"为 4;"预留量"为 X = 0.2,Z = 0.2;"毛坯识别"为"使用毛坯外边界"。

⑥ 单击"切入/切出"按钮 切入/切出(L)... ,弹出"切入/切出设置"对话框,单击"切出"选项,设置"调整轮廓线"延伸为 2,如图 4-1-87 所示。

⑦ 单击 ✓ 确定,返回"粗车"对话框。

⑧ 单击 ✓ 确定,生成刀路,效果如图 4-1-88 所示。

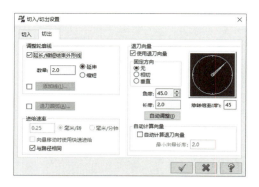

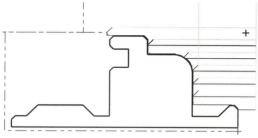

图 4-1-87 图 4-1-88

6. 沟槽粗加工

① 单击"车削"菜单"标准"模块下拉菜单中"沟槽"命令。

② 弹出"沟槽选项"对话框,单击 ✓ 确定,弹出"线框串连"对话框,根据提示,选择串连起点,如图 4-1-89 所示,选择串连终点如图 4-1-90 所示,单击 ✓ 确定。

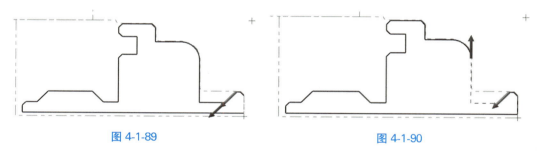

图 4-1-89 图 4-1-90

③ 弹出"沟槽粗车"对话框,选择 3 mm 槽刀,设置刀柄右偏,加工参数设置如图 4-1-91 所示。

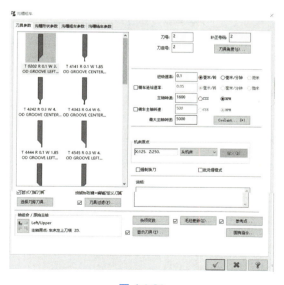

图 4-1-91 图 4-1-92

④ 单击"沟槽形状参数"选项,勾选"调整外形起始线"选项,设置"调整轮廓线"延伸为 1,单击 ☑ 确定。

⑤ 单击"沟槽粗车参数"选项,单击"壁槽"框"平滑"选项,勾选"啄车参数"选项并单击,弹出"啄钻参数"对话框,设置 3 次,取消勾选"只在第一次切入时啄钻"选项,如图 4-1-92 所示,单击 ☑ 确定。

⑥ 勾选"沟槽精车参数"选项,取消精修选项。

⑦ 单击 ☑ 确定,生成刀路,如图 4-1-93 所示。

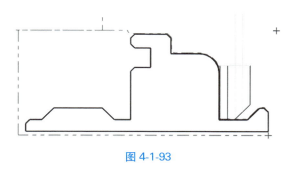

图 4-1-93

7. 精车外圆

① 单击"车削"菜单"标准"模块下拉菜单中"精车"命令。

② 弹出"线框串连"对话框,根据提示,选择串连起点,如图 4-1-94 所示,选择串连终点如图 4-1-95 所示,单击 ● 确定。

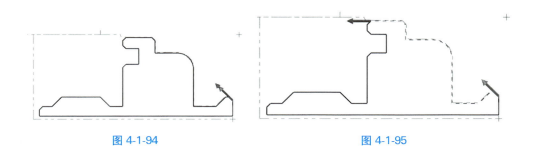

图 4-1-94　　　　　　　　　　图 4-1-95

③ 弹出"精车"对话框,选择精车刀具,并设置相关参数。

④ 单击"精车参数"选项,勾选"向下车削"选项并单击该按钮,弹出"斜插切削参数"对话框,设置参数,如图 4-1-96 所示,单击 ☑ 确定,返回"精车"对话框。

⑤ 单击"切入参数"选项 切入参数(P)... ,弹出"车削切入参数"对话框,"车削切入设置"选择第三个类型。

⑥ 单击"切入/切出"选项 切入/切出(L)... ,设置"切出"选项中"调整轮廓线"延伸为 2,单击 ☑ 确定,返回"精车"对话框。

⑦ 单击 ☑ 确定,生成刀路如图 4-1-97 所示。

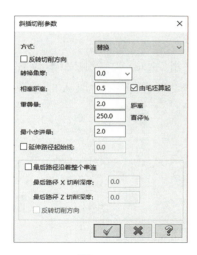

图 4-1-96

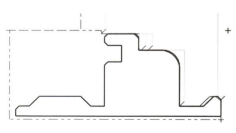

图 4-1-97

8. 毛坯翻转

① 单击"车削"菜单"零件处理"模块下拉菜单中"毛坯翻转"命令。

② 弹出"毛坯翻转"对话框，单击"图形"框中"调动图形"下方选择按钮 `选择...` ，提示 `选择要转移的图素。完成后按 <Enter>:` ，框选所有零件图素。

③ 单击毛坯位置框"调动后位置"选择按钮 `选择...` ，单击工件最左侧，如图 4-1-98 所示；单击卡爪位置框"最后位置"选择按钮 `选择...` ，单击工件合适位置，如图 4-1-99 所示；返回"毛坯翻转"对话框，取消勾选"消隐原始图形"，层别选项选择复制到层别 3，如图 4-1-100 所示。

图 4-1-98

图 4-1-99

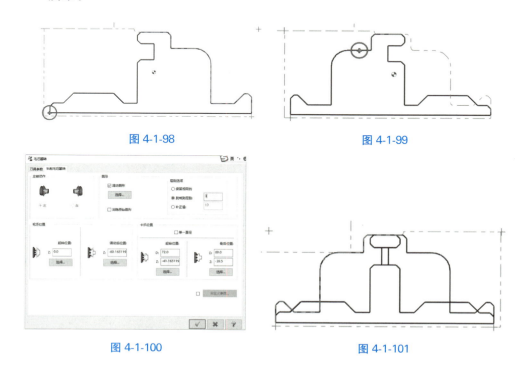

图 4-1-100

图 4-1-101

④ 单击 ☑ 确定，绘图区如图 4-1-101 所示，关闭图层 1，完成工件翻转，如图 4-1-102 所示。

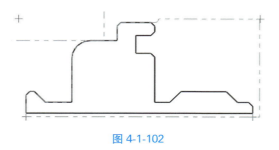

图 4-1-102

9. 刀路复制及修整

① 使用 Ctrl 键或 Shift 键，全部选中"刀路"管理框中"刀具群组-1"下方 2-5 刀路文件，如图 4-1-103 所示。

图 4-1-103   图 4-1-104

② 鼠标右击，选择"复制"选项，如图 4-1-104 所示。

③ 下拉"刀路"管理框菜单，在红色箭头空白处鼠标右击，选择"粘贴"选项，如图 4-1-105 所示。

④ 生成刀路 7-10，如图 4-1-106 所示。

⑤ 鼠标单击刀路 7 下方"参数"命令，弹出"车端面"对话框，单击"车端面参数"，点选"使用毛坯"选项，单击 ☑ 确定，单击"刀路"管理框下方重新生成按钮 🔧，生成刀路如

图 4-1-107 所示。

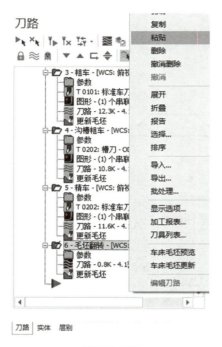

图 4-1-105

图 4-1-106

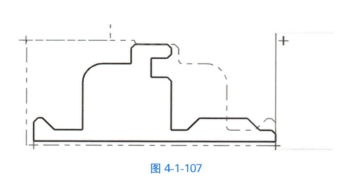

图 4-1-107

图 4-1-108

⑥ 单击刀路 8 下方"图形串连"命令,弹出"串连管理"对话框,如图 4-1-108 所示,鼠标右击"串联 1",选择"全部重新串连",如图 4-1-109 所示。根据提示选择串连起点,如图 4-1-110 所示;选择串连终点,如图 4-1-111 所示,单击 ☑ 确定,单击重新生成按钮 ▮▶ 生成刀路,如图 4-1-112 所示。

⑦ 单击刀路 9 下方"图形串连"命令,重复刀路 8 操作,串连起点如图 4-1-113 所示,串连终点如图 4-1-114 所示,完成所有操作后单击重新生成按钮 ▮▶ 生成刀路,如图 4-1-115 所示。

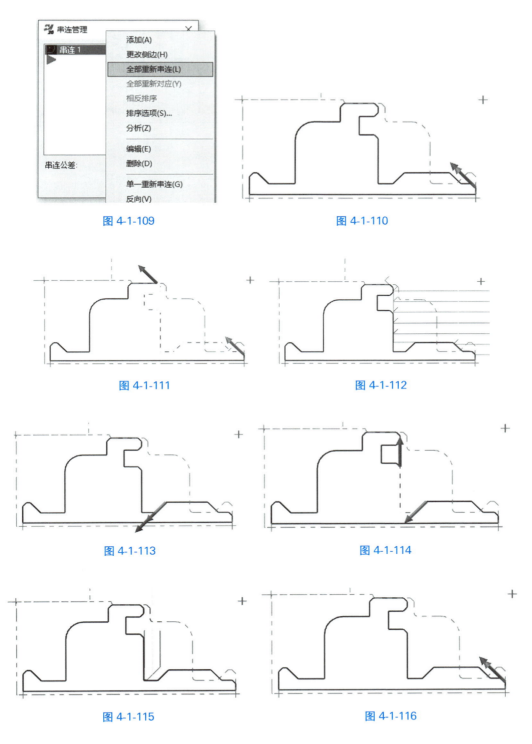

图 4-1-109

图 4-1-110

图 4-1-111

图 4-1-112

图 4-1-113

图 4-1-114

图 4-1-115

图 4-1-116

⑧ 单击刀路 10 下方"图形串连"命令,重复刀路 8 操作,串连起点如图 4-1-116 所示,串连终点如图 4-1-117 所示,完成所有操作后单击重新生成按钮 🛠 生成刀路,如图 4-1-118 所示。

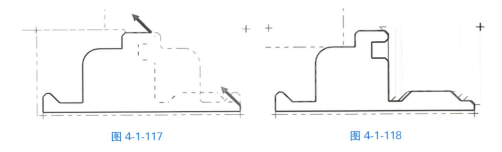

图 4-1-117　　　　　　　　　　　　图 4-1-118

10. 侧壁槽加工

侧壁槽加工使用的命令也是"沟槽"命令,所以可以复制之前的沟槽加工命令进行修改,也可以建立一个新的命令。这里使用复制命令,为了使毛坯模型不出现变化,复制刀路 9,生成刀路 11,如图 4-1-119 所示。

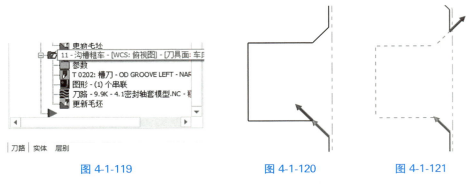

图 4-1-119　　　　　　　　　图 4-1-120　　　　　　　图 4-1-121

① 单击刀路 11 下方"图形串连"命令,重复刀路 8 操作,串连起点如图 4-1-120 所示,串连终点如图 4-1-121 所示。

② 鼠标单击刀路 11 下方"参数"命令,弹出"沟槽粗车"对话框,重新选择一把 3 mm 的沟槽刀,如图 4-1-122 所示。

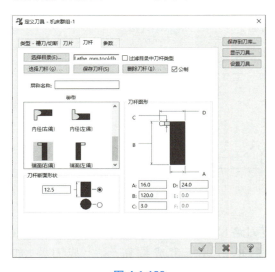

图 4-1-122　　　　　　　　　　　　　图 4-1-123

③ 单击"沟槽精修参数"选项,勾选"精修"选项,精修是沟槽的精加工,在实际加工中,这种类型的沟槽要进行粗加工后才可以进行精加工,不可以直接精修。

④ 单击 ✓ 确定,单击重新生成按钮 ▮▸ 生成刀路,如图 4-1-123 所示。

11. 螺纹加工

① 单击"车削"菜单"标准"模块下拉菜单中"车螺纹"命令。

② 弹出"车螺纹"对话框,选择螺纹刀,刀杆类型选择偏移刀杆,设置其他参数。

③ 设置螺纹外形参数,螺纹起始位置如图 4-1-124 所示,结束位置如图 4-1-125 所示,螺纹参数如图 4-1-126 所示。

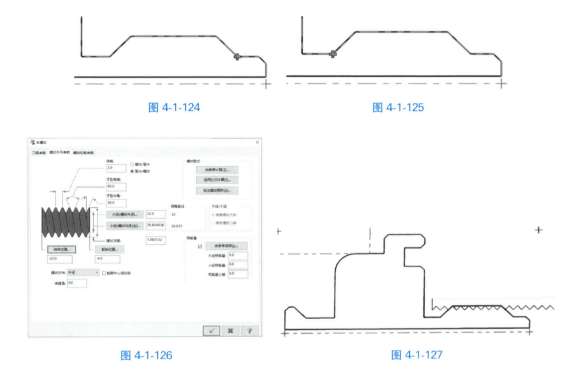

图 4-1-124　　　　　　　　　　　　　　　图 4-1-125

图 4-1-126　　　　　　　　　　　　　　　图 4-1-127

④ 设置螺纹切削参数,单击"螺纹切削参数"选项,选择"NC 代码"G32

NC 代码格式: 螺纹车削(G32)　,设置"退出延伸量"为 2。

⑤ 单击 ✓ 确定,生成刀路如图 4-1-127 所示。

12. 内孔加工

① 单击"车削"菜单"标准"模块下拉菜单中"粗车"命令。

② 弹出"线框串连"对话框,绘图区提示 选择切入点或串连内部边界 ,选择"部分串连",点选如图 4-1-128 所示图形,单击 ✓ 确定。

③ 弹出"粗车"对话框,选择镗刀,设置镗刀参数和其他刀具参数,如图 4-1-129 所示。

④ 设置"粗车参数""切削深度"为 2;切出延伸为 1;X、Z 预留量为 0。

⑤ 单击 ✓ 确定,生成刀路如图 4-1-130 所示。

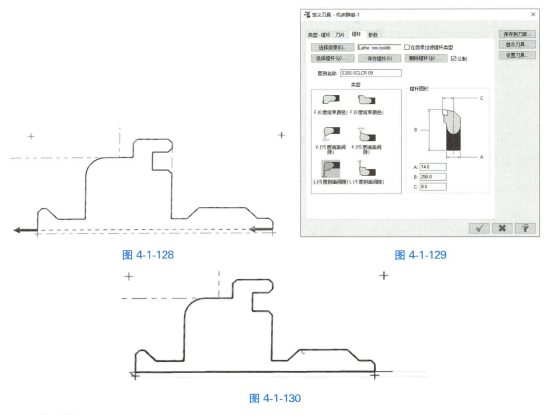

图 4-1-128   图 4-1-129

图 4-1-130

13. 验证

① 单击"刀路"管理框"机床群组 1"，所有操作全部勾选，如图 4-1-131 所示。

② 单击"刀路"管理框下方验证按钮，验证工件如图 4-1-132 所示。

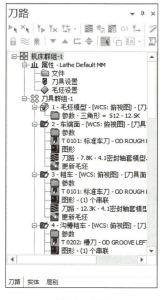

图 4-1-131

图 4-1-132

微视频

任务实施

216

从实体验证中看到,工件有一个侧面有缺陷,可进行优化。

◆　**拓展训练**

尝试生成任务 1.2 减速器传动轴车削刀路。

◆　**思考与练习**

尝试修复如图 4-1-132 所示图形退刀槽侧面的缺陷,有一个凸台面,造成凸台面原因是精车时未加工到位。

◆　**任务评价**

表 4-1-2　任务自我评价表

任务名称:				班级:			姓名:	
序号	评价项目	评价要求	设计参数	实际参数	完成度	是否完成	备注	是否需要帮助
1	识图	准确识别图素					识别图素数量与图形图素一致为完成	
2	绘图步骤设计	设计步骤与实际步骤是否一致	设计步骤（　）	实际步骤（　）			一致为完成	
3	用时	规定用时（　）	计划用时（　）	实际用时（　）			实际用时在规定用时内为完成	
4	图形准确性	图形尺寸检查		与原图一致性			对比标注数据,完全正确为完成	
5	合作与沟通	是否独立完成	是		否		完成所有描述,则完成该项	
			独立完成部分描述					
			是否讨论					
			讨论参与人员					
自我评价(100 字以内,描述学习到的新知与技能,需要提升或获得的帮助):								
是否完成判定:								
							日期:	

任务4.2　椭圆形密封垫片冲孔凸模的加工

◆　**任务目标**

通过本任务的学习,学会使用"机床"菜单"铣床"刀路"2D"模块中"面铣""动态铣削""外形""钻孔""螺旋铣孔"等基本加工命令,并提升针对零件图形制订合理加工工艺步骤的能力。

◆　**任务引入**

根据要求,完成如图 4-2-1 所示椭圆形密封垫片冲孔凸模的加工。

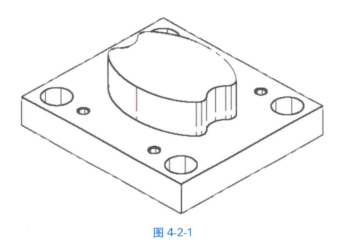

图 4-2-1

◆　**任务分析**

椭圆形密封垫片冲孔凸模的加工步骤见表 4-2-1。

表 4-2-1　椭圆形密封垫片冲孔凸模的加工步骤

1. 毛坯设定	2. 动态铣削加工	3. 外形 2D 铣削

续　表

4. 凸台面铣削加工	5. 4×M10 孔加工	6. 4×φ26 孔加工

7. 验证		

◆　**相关新知**

二维铣削加工是生产实践中使用得最多的一种加工方式。Mastercam 2020 可以基于 2D 线框图形、3D 曲面或实体图形生成二维铣削刀路。二维铣削刀路被整合在铣削"2D"模块中，包括"外形""钻孔""铣槽""面铣""模型倒角""螺纹铣削"等命令。对于没有斜度或锥度的水平、垂直平面以及孔特征，一般都采用二维铣削加工。

参数的增量方式是以工件顶面为基准计算的，而绝对方式则是在工作坐标系中进行计算得到的。两者可以通过指定工件顶面数据来进行换算。

共同参数设置中的相关参数名词解释如下。

① 安全高度：刀具快速向下一个刀点移动的高度。设置该高度时应考虑到安全性，一般应高于零件及夹具的最高表面。

② 参考高度：下一次进刀前要回缩的高度，即在同一加工区域中，完成一层的铣削后，在进行下一层铣削前先提刀至该位置，然后再下刀开始铣削。

③ 进给下刀位置：也称缓降高度，刀具快速下刀至要切削材料时进给速度的转折点高度，一般选择 3～5 mm。

④ 工件表面：毛坯表面的高度。

⑤ 深度：工件切削加工的最后深度。

切削参数设置中刀具补正相关知识。

① 补正形式：常用的补正方式有两种：计算机补正和控制器补正。计算机补正是指直接按照刀具中心轨迹进行编程，无须进行左、右补正，程序中无刀具补正指令 G41 或 G42；控制器补正是指按照零件轨迹进行编程，在需要的位置加入刀具补正指令及补正号码，机床执行该程序时，根据补正指令自行计算刀具中心轨迹线。在使用 Mastercam 2020 编程时一般采用计算机补正，而不使用控制器补正。

② 补正方向：有左补正、右补正。左、右补正的概念是指在轨迹线上沿串连方向（加工方向）看去，刀具在轨迹线的哪一侧，右侧为右补正，左侧为左补正。

以下主要介绍"铣床"刀路"2D"模块中"面铣""动态铣削""外形""钻孔""螺旋铣孔"命令。

1. "面铣"命令

面铣为铣削加工最为常见的加工方式，一般用于毛坯水平面加工，用于获得精准的工件坐标系 Z0 位置，或获得精准的工件表面位置。"面铣"命令提供了"双向""单向""一刀式""动态"四种类型的方案。

微视频

① 单击快捷访问栏中 按钮，打开文件"4.2 相关新知模型"，如图 4-2-2 所示，工件坐标原点与 WCS 原点重合，不需要重新定义工件原点坐标。"面铣"命令

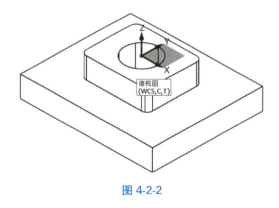

图 4-2-2

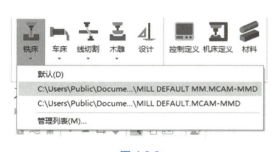

图 4-2-3

② 单击"视图"菜单，取消勾选"显示指南"选项，关闭 WCS 坐标显示。

③ 单击"机床"菜单，单击"铣床"加工模块，如图 4-2-3 所示，菜单栏显示"刀路"菜单，"刀路"管理框显示在绘图区左侧。

④ 单击"2D"模块下拉菜单中"面铣"命令，如图 4-2-4 所示。

⑤ 弹出"实体串连"对话框，选择"实体串连"，如图 4-2-5 所示。

⑥ 根据提示 选择面、边缘和/或回圈。 单击凸台上表面外边缘，如图 4-2-6 所示，弹出"选择参考面"对话框，如图 4-2-7 所示，单击 ✔ 确定。

⑦ 返回"实体串连"对话框，单击 ⊘ 确定，如图 4-2-8 所示。

图 4-2-4

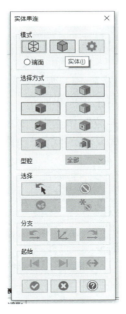

图 4-2-5

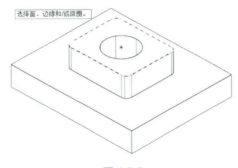

图 4-2-6

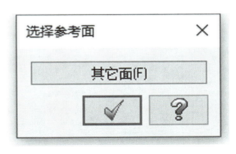

图 4-2-7

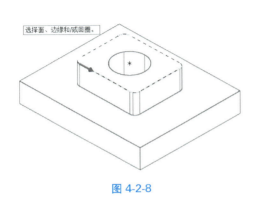

图 4-2-8

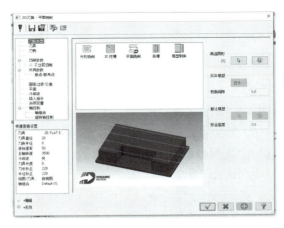

图 4-2-9

⑧ 弹出"2D 刀路-平面铣削"对话框,如图 4-2-9 所示。

⑨ 设置"刀具",单击"刀具",单击"选择刀库刀具"按钮 选择刀库刀具 ,弹出"选择刀具"对话框,如图 4-2-10 所示,单击"刀具过滤"按钮 刀具过滤(F) ,弹出"刀具过滤列表设置"对话框,选择面铣刀,如图 4-2-11 所示,单击 √ 确定;选择 $\phi 42$ 的面铣刀,单击 √ 确定,设置刀具其他参数,如图 4-2-12 所示。

⑩ 设置"切削参数",单击"切削参数",底部预留量设置为 0,如图 4-2-13 所示,其他参数不变,由于面铣为一刀,"Z 分层切削"关闭。

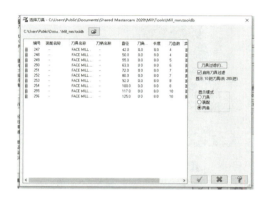

图 4-2-10　　　　　　　　　　　　　　图 4-2-11

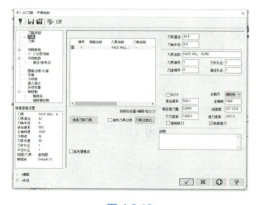

图 4-2-12　　　　　　　　　　　　　　图 4-2-13

⑪ "共同参数""圆弧过滤/公差""平面"使用默认参数,保持不变,"冷却液"可以开,如图 4-2-14 所示,打开吹气,其他参数均不变。

⑫ 单击 √ 确定,生成刀路,如图 4-2-15 所示,如果刀路过长或过短,可以在"切削参数"选项中进行修改,如图 4-2-16 所示。

2. "外形"命令

"外形"命令仅沿着选取的串连曲线进行加工,不加工其他区域,一般用于与加工平面垂直的垂直面加工。"外形"命令提供了 2D、2D 倒角、斜插、残料、摆线式五种外形铣削方式,一般用于精加工或倒角加工。

微视频

"外形"命令

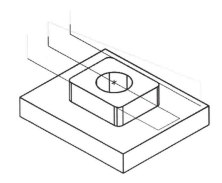

Flood	Off
Mist	On
Thru-tool	On Off

图 4-2-14　　　　　　　　　　图 4-2-15

截断方向超出量	50.0	%	21.0
引导方向超出量	110.0	%	46.2
进刀引线长度	50.0	%	21.0
退刀引线长度	50.0	%	21.0
标准起始位置	左下角		
最大步进量	75.0	%	31.5

◉ 顺铣　　　　○ 逆铣
☑ 最后路径反向

☐ 自动计算角度与最长边平行
粗切角度: 0.0

两切削间移动方式

☐ 两切削间移动进给速率: 50.0

图 4-2-16

① 单击"刀路"菜单"2D"模块下拉菜单中"外形"命令,如图 4-2-17 所示。

图 4-2-17

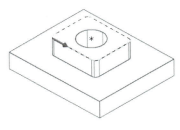

图 4-2-18

② 弹出"串连选择"对话框,根据提示,选择凸台外形边缘线,如图 4-2-18 所示。

③ 弹出"2D 刀路-外形铣削"对话框。

④ 设置刀具,选择 φ16 平铣刀,如图 4-2-19 所示。

图 4-2-19

⑤ 设置"切削参数",选择"外形切削方式"为 2D;"补正方向"为右,如图 4-2-20 所示。"Z 分层切削"中设置最大粗切步进量为 4;精修量为 0.5;不提刀,如图 4-2-21 所示。

图 4-2-20

图 4-2-21　　　　　　　　　　　　　　图 4-2-22

⑥ 在"共同参数"中,设置深度为 −20,选择增量坐标,如图 4-2-22 所示,其他参数不变。

⑦ 单击 ✓ 确定,生成刀路如图 4-2-23 所示。一般情况下,外形加工用于垂直外形面的精加工、残料加工和倒角加工这些精加工工序,也可以进行粗加工,这时需要设置 XY 方向分层切削参数,由于目前 Mastercam 2020 提供了其他更优化的粗加工策略,所以外形加工的粗加工策略一般不使用。

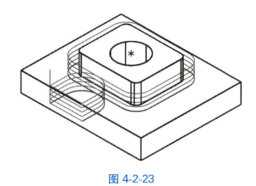

图 4-2-23

3. "动态铣削"命令

动态铣削加工的一个重要特征是切削深度可以取得很大。由于动态铣削加工方式能严格控制径向切削量也就是切削宽度，同时优化了加工路径，使整个加工过程的切削力控制在一定程度以内，所以其切削深度可以取到 2 倍刀具直径甚至更高。动态铣削切削方式稳定，切削力稳定，是一种优化后的高速铣削方案。

微视频

"动态铣削"
命令

① 单击"刀路"菜单"2D"模块下拉菜单中"动态铣削"命令，如图 4-2-24 所示。

② 弹出"串连选项"对话框，单击"加工范围"按钮，如图 4-2-25 所示。

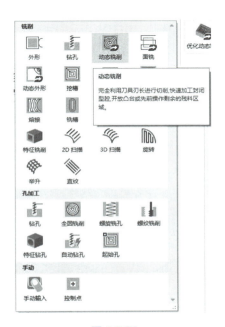

图 4-2-24

图 4-2-25

③ 弹出"串连选项"对话框，选择实体凸台边缘线和最大外形上表面边缘线作为串连图素，如图 4-2-26 所示，单击 ⊘ 确定，返回"串连选项"对话框；"加工区域策略"选择"开放"选项，如图 4-2-27 所示；单击"避让范围"按钮，弹出"串连选项"对话框，选择凸台外边缘，如图 4-2-28 所示，单击 ✔ 确定。

④ 弹出"2D 高速刀路-动态铣削"对话框。

⑤ 设置"刀具"，选择 $\phi 16$ 平头刀，并设置好其他参数。

⑥ 设置"切削参数"，壁边预留量为 0.3；底面预留量为 0.1，如图 4-2-29 所示，设置"Z 分层切削"，勾选"深度分层切削"选项，并设置最大粗切步进量为 4，如图 4-2-30 所示。

⑦ 其他参数不变，由于本次选择的串连图素为实体边框线，处于不同 Z 平面，所以"共同参数"中的"深度"使用默认值。

⑧ 单击 ✔ 确定，生成刀路如图 4-2-31 所示。

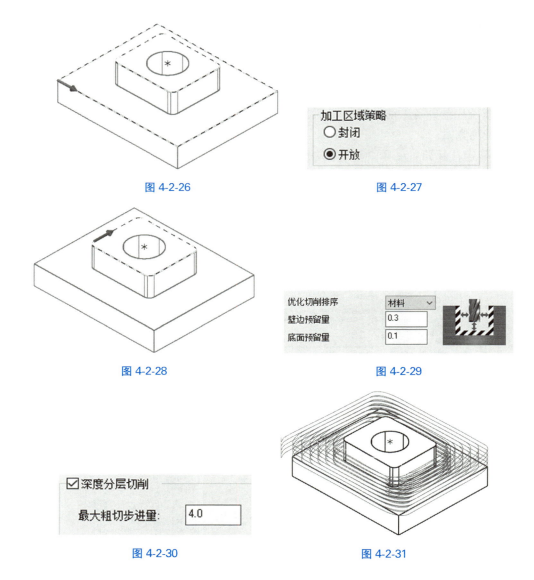

图 4-2-26　　　　　　　　　　　　　　　　图 4-2-27

图 4-2-28　　　　　　　　　　　　　　　　图 4-2-29

图 4-2-30　　　　　　　　　　　　　　　　图 4-2-31

4. "钻孔"命令

钻孔是孔加工中常见的一种加工方式。在 CNC 中,一般钻孔需要先用中心钻钻定位孔,再用对应规格的钻头钻孔。钻孔的主要作用是为了加工一般精度孔、螺纹孔、高精度配合孔、大孔、凹槽下刀点加工底径孔或预加工孔。Mastercam 2020 "钻孔"命令提供了钻头/沉头孔、深孔啄钻、断屑式、攻牙、其他自定义孔加工方式。

微视频

"钻孔"命令

① 单击"刀路"菜单"2D"模块下拉菜单中"钻孔"命令,如图 4-2-32 所示。

② 弹出"刀路孔定义"管理框,如图 4-2-33 所示,根据提示选择孔位置,此时可以根据鼠标图标变化,选择点、圆心点、实体孔面。例如,单击实体空面,如图 4-2-34 所示,"刀路孔定义"管理框如图 4-2-35 所示,表示已经选取实体孔面特征,其他参数不变,单击 ⊘ 确定。

图 4-2-32

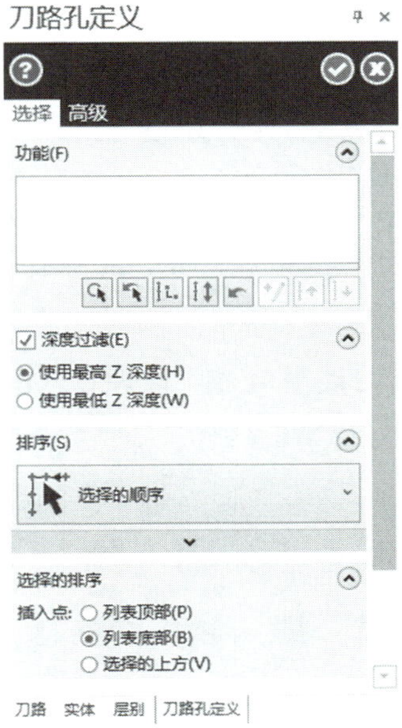

图 4-2-33

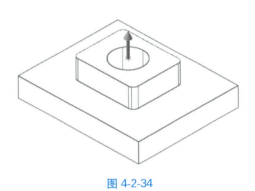

图 4-2-34

图 4-2-35

③ 弹出"2D 刀路-钻孔/全圆铣削　深孔钻-无啄钻"对话框。

④ 设置"刀具",选择 φ8 的钻头,刃长必须要超过孔深度,此处孔深度为 40。

⑤ 设置"切削参数",除了钻孔之外还提供了"攻牙"策略,如图 4-2-36 所示,该功能可以使用丝锥进行自动攻丝加工,此处保持默认设置为"钻头/沉头钻"。

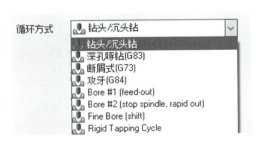

图 4-2-36

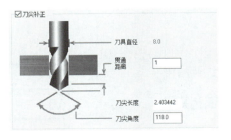

图 4-2-37

⑥ 设置"共同参数",由于选择的是实体特征,深度设置保持默认参数 0,可勾选安全高度,设置"刀尖补正",勾选并设置贯通距离为 1,如图 4-3-37 所示。

⑦ 其他设置不变,单击 [✔] 确定。

5."螺旋铣孔"命令

"螺旋铣孔"命令为直径较大的孔提供了粗/精加工方案。

① 单击"刀路"菜单"2D"模块下拉菜单中"螺旋铣孔"命令,如图 4-2-38 所示。

② 弹出"刀路孔定义"管理框,单击孔圆心,"刀路孔定义"管理框如图 4-2-39 所示,单击 ⊙ 确定。

微视频

"螺旋铣孔"
命令

图 4-2-38

图 4-2-39

③ 弹出"2D 刀路-螺旋铣孔"对话框。

④ 设置"刀具",选择 ϕ16 平底刀,并设置其他刀具参数。

⑤ 设置"切削参数",设置壁边预留量为 0.3;底面预留量为 0,如图 4-2-40 所示,其他参数不变。孔大小为 ϕ30,选用的刀具为 ϕ16,单边 7 mm 余量,如果一次进刀 2 mm,那么需要切 4 刀,设置"粗/精修"参数,粗切间距为 3;粗切次数为 4;粗切步进量为 2,如图 4-2-41 所示。

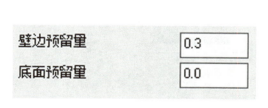

图 4-2-40

图 4-2-41

⑥ 设置"共同参数"，由于本次选择的孔圆弧中心特征，不是实体面特征，所以"深度"设定要根据孔实际深度，此处设置深度为－41，选择"增量坐标"。

⑦ 其他设置不变，单击 ✓ 确定，生成刀路如图 4-2-42 所示。要将孔加工完成，需要再进行一次精加工。

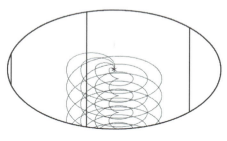

图 4-2-42

◆ **任务实施**

1. 新建文件

打开 Mastercam 2020，单击快捷访问栏中 📂 按钮，打开文件"4.2 椭圆形密封垫片冲孔凸模"，单击"文件"菜单，选择"另存为：椭圆形密封垫片冲孔凸模加工"，以默认方式 保存类型(T)：Mastercam 文件 (*.mcam) 保存，如图 4-2-43 所示，图示工件原点和坐标原点重合，不需要进行移动到原点操作。

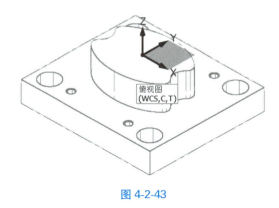

图 4-2-43

2. 毛坯设定

① 单击"机床"菜单，单击"铣床"的下拉菜单，选择铣床类型。

② 单击"刀路"管理框中"属性"项"毛坯设置"。

③ 在"机床群组属性"对话框"毛坯设置"项最下方单击"所有实体"按钮 所有实体 ，如图 4-2-44 所示，单击 ✓ 确定。

④ 单击"毛坯"模块中的"毛坯模型"选项，弹出"毛坯模型"对话框，输入"名称"为椭圆形密封垫片冲孔凸模 名称 椭圆形密封垫片冲孔凸模 ，单击"所有实体"按钮 所有实体 ，单击 ✓ 确定，绘图区显示如图 4-2-45 所示。

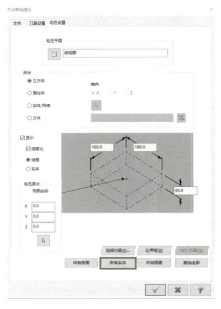

图 4-2-44

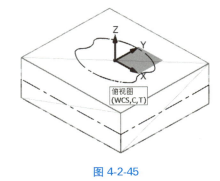

图 4-2-45

3. 动态铣削加工

① 单击"2D"模块"动态铣削"命令,弹出"串连选项"对话框,选择凸台外缘和实体最外侧上平面边缘为"加工范围",如图 4-2-46 所示,单击 确定,返回"串连选项"对话框。"加工区域策略"选择"开放"选项,选择凸台外缘为"避让范围",单击 确定,弹出"2D 高速刀路-动态铣削"对话框。

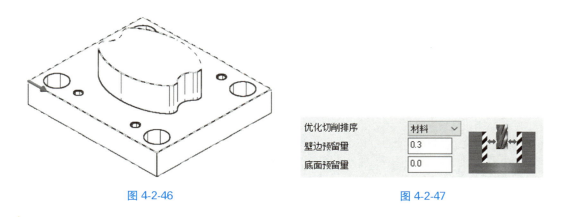

图 4-2-46

图 4-2-47

② 设置"刀具",选择 ϕ20 圆鼻铣刀,设置切削参数。

③ 设置"切削参数",步进量为 60%;壁边预留量为 0.3;底面预留量为 0,如图 4-2-47 所示。"Z 分层切削"设置粗切步进量为 4;精修次数为 1;精修量为 0.2,如图 4-2-48 所示。

④ 单击 确定,生成刀路如图 4-2-49 所示。

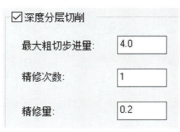

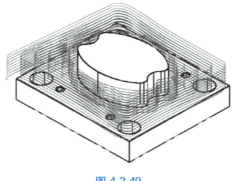

图 4-2-48　　　　　　　　　　　　　　　　图 4-2-49

4. 外形 2D 铣削

① 单击"2D"模块"外形",弹出"实体串连"对话框,选择凸台外缘,单击 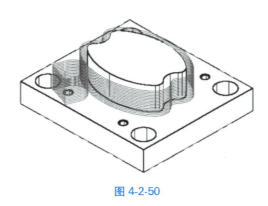 确定,弹出"2D 刀路-外形铣削"对话框。

② 设置"刀具",被加工图素的最小内凹曲面为 $\phi30$,只要选择直接小于 30 的刀具就可以满足加工要求,此处选择 $\phi16$ 平底刀,设置其他刀具参数。

③ 设置"切削参数",补正方向选为左;外形方式 2D,设置"Z 分层切削"参数,步进量为 2,这边已经完成过粗加工,此处可以不设置精修,勾选不提刀。

④ 设置"共同参数",由于选择的加工图素为凸台边缘线,在 Z0 平面,需要设置深度为 -35。

⑤ 单击 ✔ 确定,生成刀路如图 4-2-50 所示。

图 4-2-50

5. 凸台面铣加工

① 单击"2D"模块"外形",弹出"实体串连"对话框,选择凸台顶面,单击 ⊘ 确定,弹出"2D 刀路-平面铣削"对话框。

② 设置"刀具",选择 $\phi16$ 平底刀,设置其他参数。

③ 设置"切削参数"底面预留量为 0,其他默认。

④ 单击 ✔ 确定,生成刀路如图 4-2-51 所示。

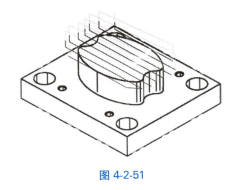

图 4-2-51

6. 孔加工

① 单击"2D"模块的下拉菜单中"钻孔"命令,弹出"刀路孔定义"管理框,单击所有孔特征实体表面,如图 4-2-52 所示,单击 ✓ 确定。

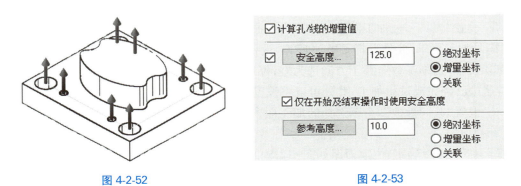

图 4-2-52　　　　　　　　　　　　　图 4-2-53

② 弹出"刀路孔定义"管理框。

③ 设置"刀具",选择 φ8.5 钻头,设置刀具加工参数。

④ 设置"共同参数",勾选"安全高度",参考高度中选择绝对坐标,输入 10,如图 5-2-53 所示;设置"刀尖补正",勾选并设置贯通距离为 1。

⑤ 单击 ✓ 确定,生成刀路如图 4-2-54 所示,完成 M10 底径孔加工,完成 φ26 圆柱孔进刀点孔加工。

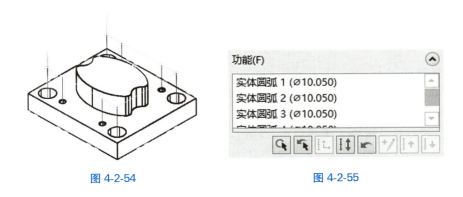

图 4-2-54　　　　　　　　　　　　　图 4-2-55

⑥ 加工 4-M10 螺纹,单击"2D"模块下拉菜单中"钻孔"命令,弹出"刀路孔定义"管理框,单击中间四个螺纹孔(小孔),单击圆弧特征,如图 4-2-55 所示,单击 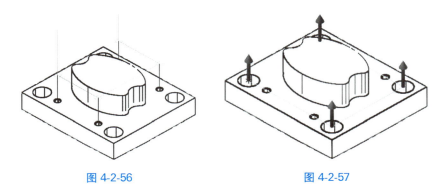 确定。

⑦ 弹出"2D 刀路""钻孔/全圆铣削 深孔钻-无啄钻"对话框。

⑧ 设置"刀具",选择 M10 左牙刀,此时的刀具切削参数,进给速率和每齿进刀量要根据 M10 的螺距 P 及设备的主轴转速计算获得,也可以等 NC 程序生成后在程序中直接修改。

⑨ 设置"切削参数"循环方式修改为攻牙。

⑩ 设置"共同参数",默认为上次孔加工参数不变,单击 确定,生成刀路如图 4-2-56 所示,完成 M10 孔加工。

图 4-2-56

图 4-2-57

⑪ 加工 4-ϕ26 圆柱孔,单击"2D"模块下拉菜单中"螺旋铣孔"命令,弹出"刀路孔定义"管理框,单击 4 个孔,如图 4-2-57 所示,单击 确定。

⑫ 弹出"2D 刀路""螺旋铣孔"对话框,孔的大小为 ϕ26。

⑬ 设置"刀具",选择 ϕ16 平底刀,并设置其他刀具参数。

⑭ 设置"切削参数",如果孔加工要求不是太高,不需要换刀执行,可以设置壁边预留量为 0;底面预留量为 0;设置"粗/精修",粗切间距为 3;次数为 5;步进量为 2;精修方式向下螺旋;间距为 2;步进量为 0.2,如图 4-2-58 所示。

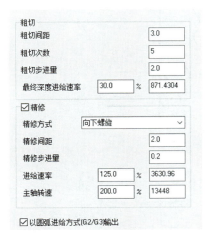

粗切		
粗切间距		3.0
粗切次数		5
粗切步进量		2.0
最终深度进给速率	30.0 %	871.4304
☑精修		
精修方式	向下螺旋	
精修间距		2.0
精修步进量		0.2
进给速率	125.0 %	3630.96
主轴转速	200.0 %	13448
☑以圆弧进给方式(G2/G3)输出		

图 4-2-58

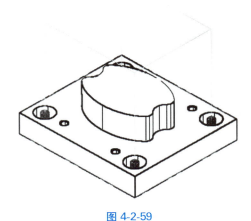

图 4-2-59

⑮ 设置"共同参数",勾选"安全高度",参考高度选择为绝对坐标,输入 10。

⑯ 单击 ✓ 确定,生成刀路如图 4-2-59 所示。完成 4-ϕ26 圆柱孔加工。在"共同参数"中设置深度为 0,由于毛坯的公差等问题,可能造成孔未完全贯穿,导致孔底边有毛边。可将深度设置为 -1,防止这种情况发生,如果使用的是圆鼻刀,还要考虑圆鼻刀的尖角半径。

7. 验证

单击"刀路"管理框"机床群组 1",所有操作全部勾选,单击"验证"命令 🖥,验证完成后如图 4-2-60 所示。

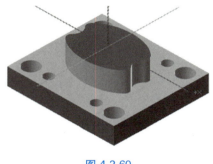

图 4-2-60

微视频

任务实施

◆ **拓展训练**

尝试使用二维线框俯视图完成如图 4-2-61 所示零件的刀路生成。

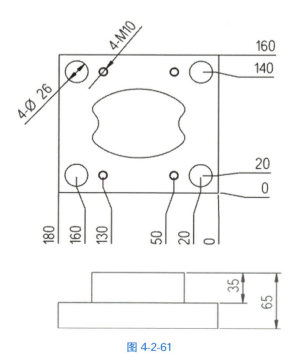

图 4-2-61

◆　**思考与练习**

尝试使用外形加工替代动态铣削进行粗切加工,比较两者之间优缺点。

◆　**任务评价**

表 4-2-2　任务自我评价表

任务名称:				班级:			姓名:		
序号	评价项目	评价要求	设计参数	实际参数	完成度	是否完成	备注		是否需要帮助
1	识图	准确识别图素					识别图素数量与图形图素一致为完成		
2	绘图步骤设计	设计步骤与实际步骤是否一致	设计步骤（　）	实际步骤（　）			一致为完成		
3	用时	规定用时(　)	计划用时(　)	实际用时(　)			实际用时在规定用时内为完成		
4	图形准确性	图形尺寸检查		与原图一致性			对比标注数据,完全正确为完成		
5	合作与沟通	是否独立完成	是		否				
			独立完成部分描述				完成所有描述,则完成该项		
			是否讨论						
			讨论参与人员						
自我评价(100 字以内,描述学习到的新知与技能,需要提升或获得的帮助):									
是否完成判定:									
								日期:	

任务 4.3　椭圆形密封垫片冲孔凹模的加工

◆　**任务目标**

通过本任务的学习,学会使用"机床"菜单"铣床"刀路"2D"模块中"挖槽""动态外形""全圆铣削"等基本加工命令,并提升针对零件图形制订合理加工工艺步骤的能力。

◆ **任务引入**

根据要求,完成如图 4-3-1 所示椭圆形密封垫片冲孔凹模的加工。

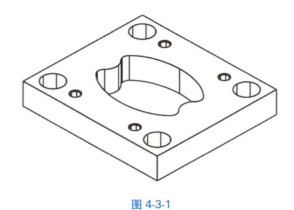

图 4-3-1

◆ **任务分析**

椭圆形密封垫片冲孔凹模的加工步骤见表 4-3-1。

表 4-3-1 椭圆形密封垫片冲孔凹模的加工步骤

1. 毛坯设定	2. 挖槽加工	3. 凹槽动态外形铣削
4. 4-M10 孔加工	5. 4-φ26 孔加工	6. 验证

◆ **相关新知**

以下主要介绍"铣床"刀路"2D"模块中"挖槽""动态外形""全圆铣削"命令的使用。

1. "挖槽"命令

挖槽加工又称为口袋加工,属于层铣粗加工的一种,用于移除封闭区域里的材料,主要用于一些形状简单、具有二维图形特征并且侧面为直面或者倾斜度一致的工件的加工。零件上的槽和岛屿都是通过将工件上指定区域内的材料挖去而成的,一般使用平底刀进行加工。一般来说,槽的轮廓都是封闭的,如果选择了开放轮廓,就只能使用开放轮廓的挖槽加工方式来进行。"挖槽"命令提供了"标准""平面铣""使用岛屿深度""残料""开放式挖槽"五种挖槽加工方式,如图4-3-2所示。铣槽按照刀具的进给方向可分为顺铣和逆铣两种方式。顺铣有利于获得较好的加工性能和表面加工质量。挖槽加工一般用于粗加工或半精加工。

微视频

"挖槽"命令

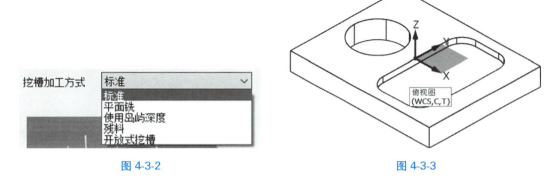

图 4-3-2   图 4-3-3

① 单击快捷访问栏中 📂 按钮,打开文件"4.3 相关新知模型",如图4-3-3所示,工件坐标原点与 WCS 原点重合,不需要重新定义工件原点坐标。

② 单击"视图"菜单,去除勾选"显示指南"选项,关闭 WCS 坐标显示。

③ 单击"机床"菜单,单击"铣床"加工模块,菜单栏显示"刀路"菜单。

④ 单击"2D"模块下拉菜单中"挖槽"命令,如图4-3-4所示,弹出"实体串连"对话框。

⑤ 根据提示 选择面、边缘和/或回圈。 单击凹槽外边缘,如图4-3-5所示,单击 ✅ 确定,弹出"2D 刀路- 2D 挖槽"对话框,如图4-3-6所示。

⑥ 设置"刀具",图形最小圆角为 $\phi30$,选择 $\phi20$ 的圆鼻刀,设置好其他切削参数。

⑦ 设置"切削参数",壁边预留量为 0.3;底面预留量为 0,如图4-3-7所示。设置"Z分层切削",粗切步进量为 4;精修 1 次;精修量为 0.3;勾选"不提刀",如图4-3-8所示。

⑧ 设置"共同参数",单击"深度"按钮,提示 选择点 ,单击凹槽底部,返回"2D 刀路-2D 挖槽"对话框,深度显示为 -6。

⑨ 单击 ✔ 确定,生成刀路如图4-3-9所示。

图 4-3-4

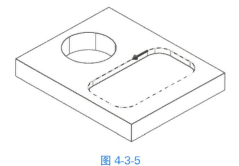

图 4-3-5

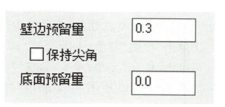

图 4-3-6

图 4-3-7

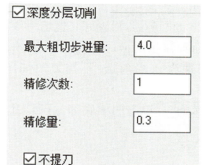

图 4-3-8

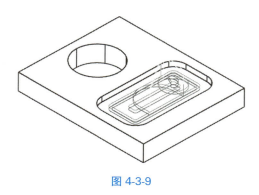

图 4-3-9

2. "动态外形"命令

动态外形属于动态铣削同类别高速铣削刀路,一般用于精加工,在参数设置时需要注意刀补方向设定。

① 单击"2D"模块下拉菜单中"动态外形"命令,如图 4-3-10 所示,弹出"串连选项"对话框。

② 单击凹槽上边缘为"加工范围",单击 ☑ 确定,弹出"2D 高速刀路-动态外形"对话框,如图 4-3-11 所示。

图 4-3-10

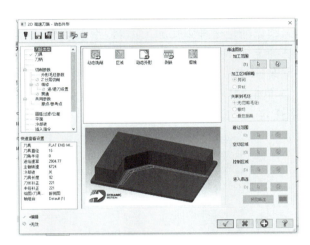

图 4-3-11

③ 设置"刀具",选择 ϕ16 平底刀,设置其他切削参数。

④ 设置"切削参数",补正方向为右;壁边预留量为 0;底面预留量为 0;如图 4-3-12 所示。设置"Z 分层切削",粗切步进量为 4;精修 1 次;精修量为 0.3;如图 4-3-13 所示。

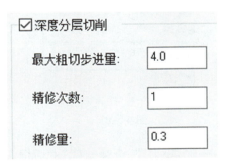

图 4-3-12

图 4-3-13

⑤ 设置"共同参数",设置深度为 -6。

⑥ 单击 ☑ 确定,生成刀路如图 4-3-14 所示。

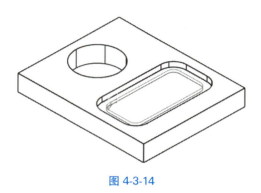

图 4-3-14

3."全圆铣削"命令

全圆铣削是一种圆孔加工策略,当刀具直径与内孔很接近时,进退刀向量不易确定,此时采用全圆铣削非常方便,全圆铣削提供了圆孔粗/精加工的解决方案。

① 单击"2D"模块下拉菜单中"全圆铣削"命令,如图 4-3-15 所示,弹出"刀路孔定义"管理框,根据提示选择孔位置,如图 4-3-16 所示,单击 确定。

微视频

"全圆铣削"命令

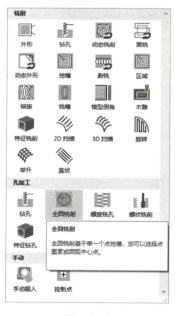

图 4-3-15

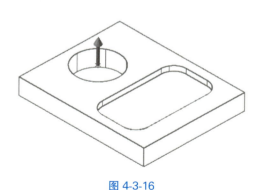

图 4-3-16

② 弹出"2D 刀路-全圆铣削"对话框,如图 4-3-17 所示,设置"刀具",选择 $\phi20$ 圆鼻刀,设置好其他参数。

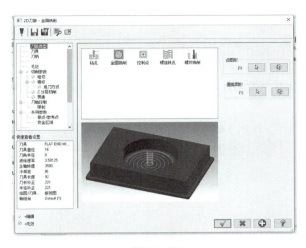

图 4-3-17

图 4-3-18

③ 设置"切削参数"，壁边预留量为 0；底面预留量为 0；设置"粗切"；勾选"粗切"；设置"精修"：精修 1 次；间距为 0.3；勾选"不提刀"，如图 4-3-18 所示。设置"Z 分层切削"，粗切步进量为 4；勾选"不提刀"；设置"贯通"，贯通距离＞圆鼻刀的刀尖半径，此处选择的刀尖半径为 1 mm，设置贯通距离为 2，如图 4-3-19 所示。

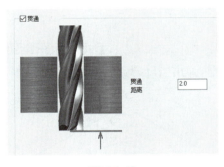

图 4-3-19

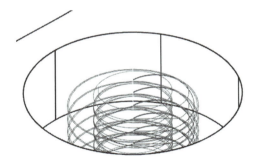

图 4-3-20

④ 单击 ✔ 确定，生成刀路如图 4-3-20 所示。

◆　**任务实施**

1. 新建文件

打开 Mastercam 2020，单击快捷访问栏中 📂 按钮，打开文件"4.3 椭圆形密封垫片冲孔凹模"，单击"文件"，选择"另存为：椭圆形密封垫片冲孔凹模加工"，以默认方式 保存类型(T)：Mastercam 文件 (*.mcam) 保存，如图4-3-21 所示，图示工件原点和坐标原点重合，不需要进行移动到原点操作。

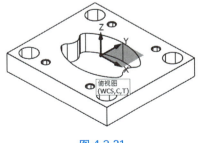

图 4-3-21

2. 毛坯设定

① 单击"机床"菜单,单击铣床的下拉菜单,选择铣床类型。

② 单击"刀路"管理框中"属性"项"毛坯设置"。

③ 在"机床群组属性"对话框,"毛坯设置"项最下方单击"所有实体"按钮 所有实体 ,单击 ✓ 确定;

④ 单击"毛坯"模块中的"毛坯模型"选项,弹出"毛坯模型"对话框,输入"名称"为椭圆形密封垫片冲孔凹模,单击"所有实体"按钮 所有实体 ,单击 ✓ 确定,如图 4-3-22 所示。

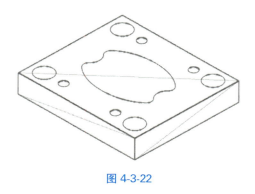

图 4-3-22

3. 挖槽加工

① 单击"2D"模块"挖槽"命令,弹出"实体串连"对话框,提示 选择面、边缘和/或回圈。 ,单击凹槽上边缘,如图 4-3-23 所示,单击 ✓ 确定,弹出"2D 刀路-2D 挖槽"对话框。

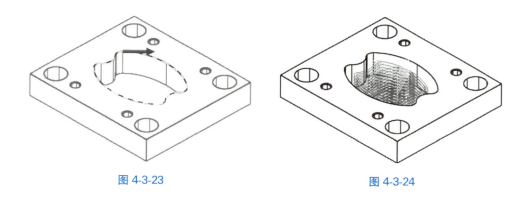

图 4-3-23   图 4-3-24

② 设置"刀具",选择 φ20 圆鼻刀,设置好其他切削参数。

③ 设置"切削参数",壁边预留量为 0.3;底面预留量为 0;设置"Z 分层切削",粗切步进量为 4;精修 1 次;精修量为 0.3;勾选"不提刀";设置"贯通",贯通距离为 2。

④ 设置"共同参数",单击"深度"按钮 深度(D)... ,提示 选择点 ,单击凹槽底部,返回"2D 刀路-2D 挖槽"对话框,深度显示为 -30。

⑤ 单击 ✓ 确定,生成刀路如图 4-3-24 所示。

4. 凹槽动态外形铣削

① 单击"2D"模块下拉菜单中"动态外形"命令,弹出"串连选项"对话框,单击凹槽上边缘为"加工范围",单击 ☑ 确定,弹出"2D 高速刀路-动态外形"对话框。

② 设置"刀具",选择 ϕ16 平底刀,设置其他切削参数。

③ 设置"切削参数",补正方向为右;壁边预留量为 0;底面预留量为 0;设置"Z 分层切削",粗切步进量为 4;精修 1 次;精修量为 0.3;设置"贯通",贯通距离为 1。

④ 设置"共同参数",设置深度为:-30。

⑤ 单击 ☑ 确定,生成刀路如图 4-3-25 所示。

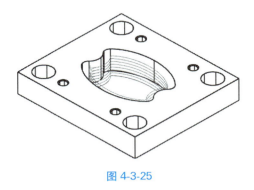

图 4-3-25

5. 孔加工

① 单击"2D"模块下拉菜单中"钻孔"命令,弹出"刀路孔定义"管理框,单击所有孔特征实体表面,如图 4-3-26 所示,单击 ◉ 确定,弹出"2D 刀路-钻孔/全圆铣削　深孔钻-无啄孔"对话框,设置"刀具",选择 ϕ8.5 钻头,设置刀具加工参数。

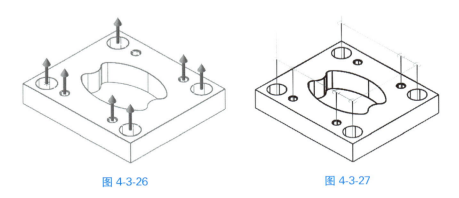

图 4-3-26　　　　　　　　　　　图 4-3-27

② 设置"共同参数",勾选"安全高度",参考高度设置为绝对坐标为 50;设置"刀尖补正",勾选并设置"贯通距离"为 1。

③ 单击 ☑ 确定,生成刀路如图 4-3-27 所示,完成 M10 底径孔加工,完成 ϕ26 圆柱孔进刀点孔加工。

④ 加工 4-M10 螺纹,单击"2D"模块下拉菜单中"钻孔"命令,弹出"刀路孔定义"管理框,单击中间四个螺纹孔(小孔),单击圆弧特征,如图 4-3-28 所示,单击 ◉ 确定。

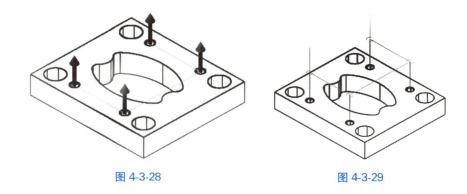

图 4-3-28　　　　　　　　　　　图 4-3-29

⑤ 弹出"2D 刀路-钻孔/全圆铣削　深孔钻-无啄钻"对话框。

⑥ 设置"刀具"，选择 M10 左牙刀，此时的刀具切削参数 ϕ "进给速率"和"每齿进刀量"要根据 M10 的螺距 P 及设备的主轴转速计算获得，也可以等 NC 程序生成后在程序中直接修改。

⑦ 设置"切削参数"，"循环方式"修改为攻牙。

⑧ 设置"共同参数"，默认为上次孔加工参数不变；单击 ☑️ 确定，生成刀路如图 4-3-29 所示，完成 M10 孔加工。

⑨ 加工 4-ϕ26 圆柱孔，单击"2D"模块的下拉菜单，选择"全圆铣削"命令，出现"刀路孔定义"管理框，根据提示选择孔位置，如图 4-3-30 所示，单击 ✔️ 确定。

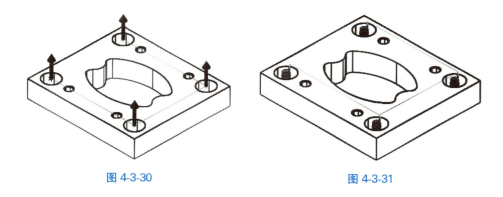

图 4-3-30　　　　　　　　　　　图 4-3-31

⑩ 弹出"2D 刀路-全圆铣削"对话框。

⑪ 设置"刀具"，选择 ϕ16 平底刀，设置其他参数。

⑫ 设置"切削参数"，壁边预留量为 0；底面预留量为 0；设置"粗切"，勾选"粗切"；设置"精修"，精修 1 次；间距为 0.3；勾选"不提刀"；设置"Z 分层切削"，粗切步进量为 4；勾选"不提刀"；设置"贯通"，设置贯通距离为 1。

⑬ 单击 ☑️ 确定，生成刀路如图 4-3-31 所示。

6. 验证

单击"刀路"管理框"机床群组 1"，所有操作全部勾选，单击"验证"命令 🖱️，如图 4-3-32 所示。

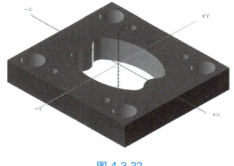

微视频

任务实施

图 4-3-32

◆　**拓展训练**

尝试使用二维线框俯视图完成如图 4-3-33 所示零件的刀路生成。

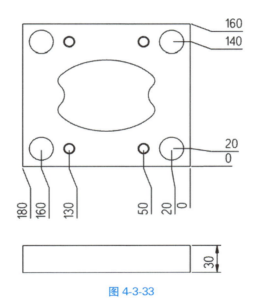

图 4-3-33

◆　**思考与练习**

尝试孔加工时图素选择孔圆弧圆心点，也选择实体圆弧相比较，两者之间优缺点。

◆　**任务评价**

表 4-3-2　任务自我评价表

任务名称：				班级：		姓名：		
序号	评价项目	评价要求	设计参数	实际参数	完成度	是否完成	备注	是否需要帮助
1	识图	准确识别图素					识别图素数量与图形图素一致为完成	

序号	评价项目	评价要求	设计参数	实际参数	完成度	是否完成	备注	是否需要帮助
2	绘图步骤设计	设计步骤与实际步骤是否一致	设计步骤（ ）	实际步骤（ ）			一致为完成	
3	用时	规定用时（ ）	计划用时（ ）	实际用时（ ）			实际用时在规定用时内为完成	
4	图形准确性	图形尺寸检查		与原图一致性			对比标注数据，完全正确为完成	
5	合作与沟通	是否独立完成	是	否			完成所有描述，则完成该项	
			独立完成部分描述					
			是否讨论					
			讨论参与人员					

自我评价（100字以内,描述学习到的新知与技能,需要提升或获得的帮助）：

是否完成判定：

日期：

三维加工

任务 5.1　花瓣状果盆型芯的加工

◆　**任务目标**

通过本任务的学习,学会使用"机床"菜单"铣床"刀路"3D"模块中"粗切"下"区域粗切"命令和"精切"下"水平""等距环绕""等高""清角"等基本加工命令,并提高针对零件图形制订合理加工工艺步骤的能力。

◆　**任务引入**

根据要求,完成如图 5-1-1 所示花瓣状果盆型芯的加工。

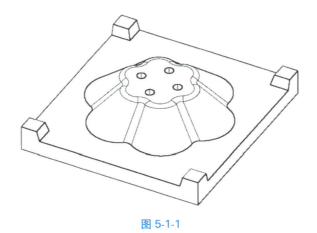

图 5-1-1

◆　**任务分析**

花瓣状果盆型芯的加工步骤见表 5-1-1。

表 5-1-1　花瓣状果盆型芯的加工步骤

1. 移动到原点	2. 毛坯设定	3. 区域粗切
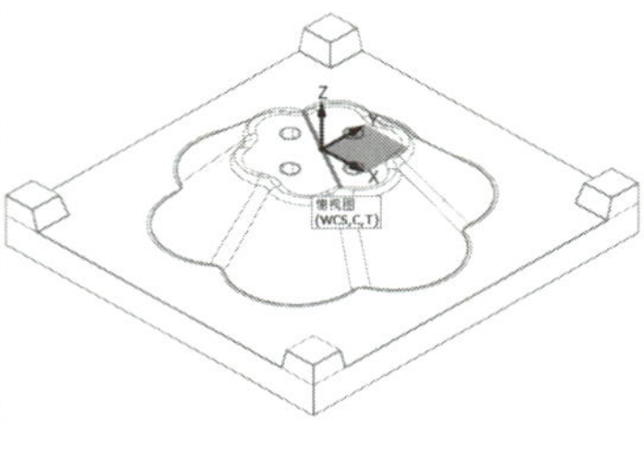	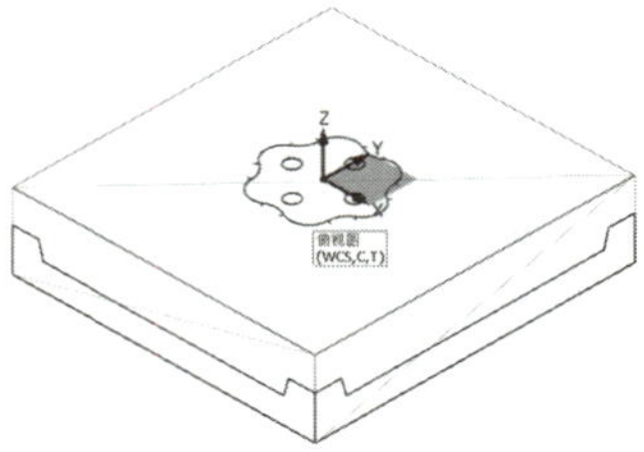	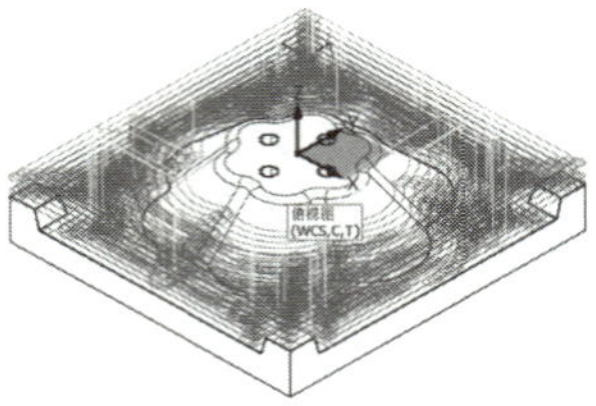
4. 水平精切	5. 等距环绕精切	6. 等高精切
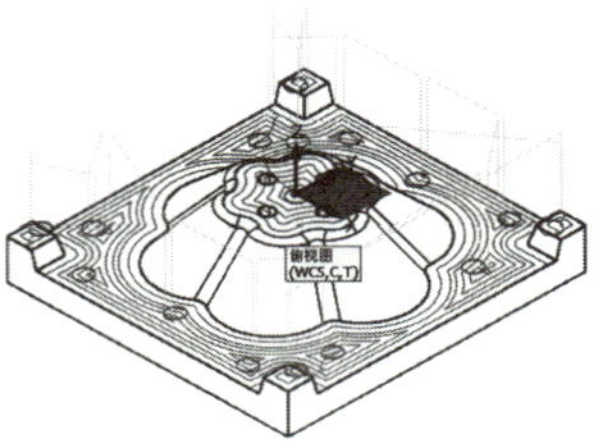	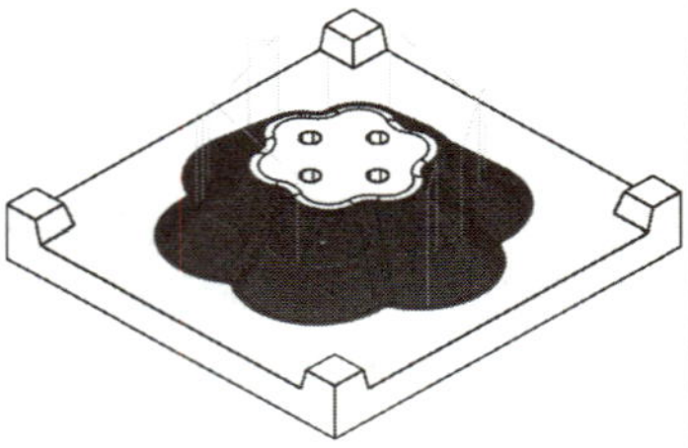	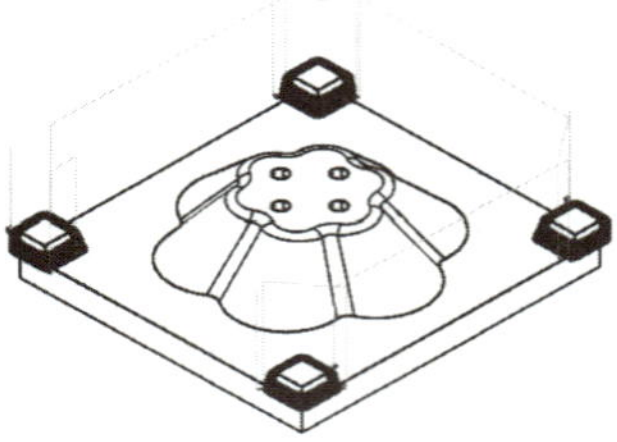
7. 清角精切	8. 孔加工 4-ϕ16	9. 验证
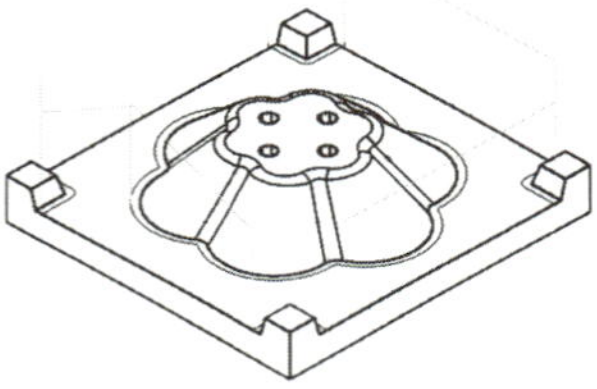	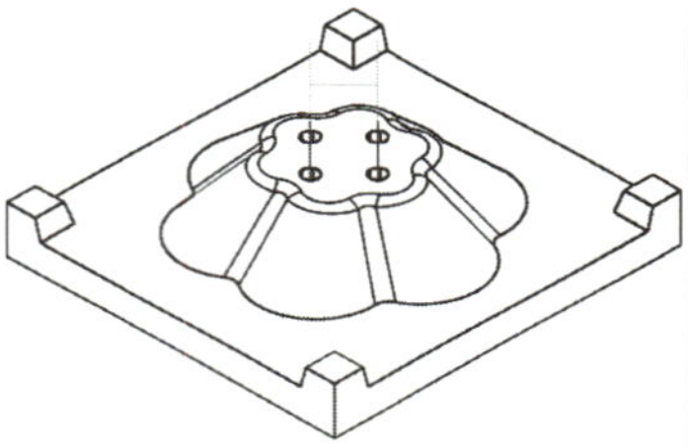	

◆　**相关新知**

　　3D 铣削模块主要为模具、检具、薄壁等复杂曲面加工特征提供了高效加工策略。3D 铣削包括优化动态粗切、挖槽、平行、钻削等粗加工策略，等高、等距环绕、混合、清角等精加工策略。本任务主要介绍"3D"模块中"粗切"下的"区域粗切"命令和"精切"下的"水平""等距环绕""等高""清角"等命令的使用。

　　1. "区域粗切"命令

　　区域粗切与优化动态粗切为同类型加工策略，快速加工封闭型腔、开放凸台或先前操作剩余残料区域，用于粗加工。

　　① 单击"机床"菜单，打开"铣床"加工模块，绘制一个实体凸台模型，如图 5-1-2 所示。

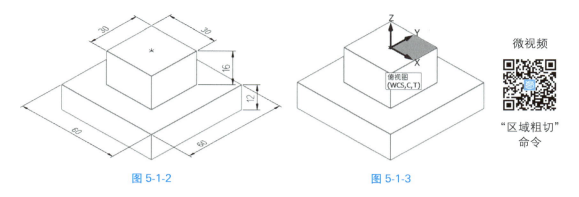

图 5-1-2   图 5-1-3

微视频

"区域粗切"命令

② 单击"视图"菜单,单击"显示"模块中"显示指南"命令,如图 5-1-3 所示,工件坐标原点与 WCS 原点重合。

③ 单击"刀路"菜单,单击"3D"模块下拉菜单中"区域粗切"命令,如图 5-1-4 所示。

图 5-1-4   图 5-1-5

④ 弹出"高速曲面刀路-区域粗切"对话框。

⑤ 设置"模型图形",单击"加工图形"下方对应选择图素按钮 ,如图 5-1-5 所示,根据绘图区提示,框选整个凸台实体,单击 结束选择 按钮,返回"高速曲面刀路""区域粗切"对话框,此时"加工图形"显示图素被捕捉,如图 5-1-6 所示。

图 5-1-6

图 5-1-7

⑥ 设置"刀具",选择 $\phi 12$ 圆鼻刀,设置其他相关参数。

⑦ 设置"切屑参数"中"深度分成切屑"如图 5-1-7 所示。

⑧ 其他参数默认,单击 ☑ 确定,形成刀路如图 5-1-8 所示。

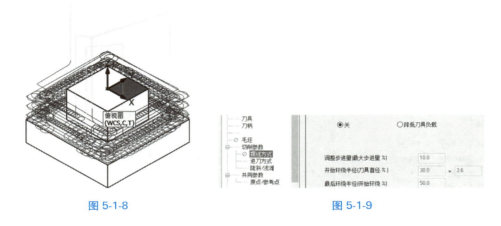

图 5-1-8　　　　　　　　　　　　　　　　图 5-1-9

⑨ 关闭"切削参数"中"摆线方式",如图 5-1-9 所示,形成刀路如图 5-1-10 所示,这种方式可以大大增加加工效率,但对机床刚性、刀具强度、夹具等都有较高要求。

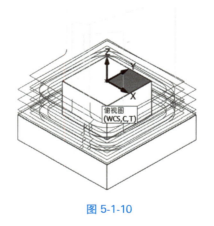

图 5-1-10

2. "水平"命令

"水平"命令主要是加工模型的平面区域,在每个区域的 Z 高度创建切削路径,是一种精加工策略。

① 单击"刀路"菜单"3D"模块下拉菜单中"水平"命令,如图 5-1-11 所示。

微视频

"水平"命令

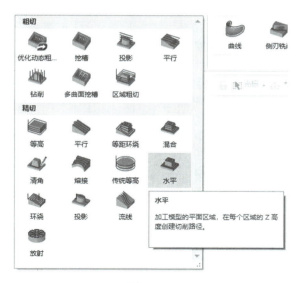

图 5-1-11　　　　　　　　　　　　　　图 5-1-12

② 设置"模型图形",框选整个实体作为"加工图形",由于是精加工,余量已经很小,在"切屑参数"里设置 1 次"分层次数",如图 5-1-12 所示。

③ 设置"刀具",选择 ϕ12 平底刀,设置其他相关参数。

④ 其他参数默认,单击 ✔ 确定,形成刀路如图 5-1-13 所示。

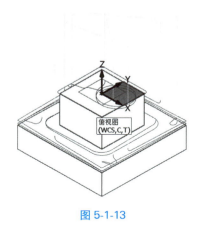

图 5-1-13

3."等距环绕"命令

"等距环绕"命令创建相对于径向切削间距具有一致环绕移动的刀路,是一种精加工策略。

① 将"刀路"管理框中的红色箭头 ▶ 移至"区域粗切"加工下方,如图 5-1-14 所示。

② 单击"刀路"菜单"3D"模块下拉菜单中"等距环绕"命令,如图 5-1-15 所示。

微视频

"等距环绕"
命令

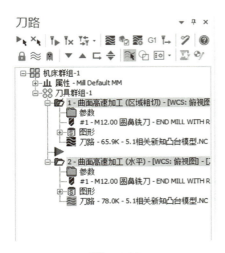

图 5-1-14　　　　　　　　　　　　　　　　图 5-1-15

③ 设置"模型图形",框选整个实体作为"加工图形"。

④ 设置"刀具",仍然使用 φ12 平底刀。

⑤ 单击 ✓ 确定,形成刀路如图 5-1-16 所示。

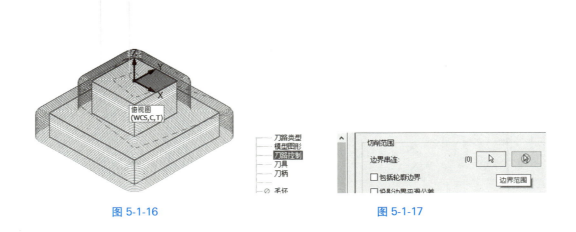

图 5-1-16　　　　　　　　　　　　　　图 5-1-17

⑥ "刀路控制"设置参数修改,修改"切屑范围",单击"刀路控制"中的"切屑范围"选择按钮 ⬚ ,如图 5-1-17 所示,弹出"实体串连"对话框,单击"串连",如图 5-1-18 所示,根据绘图区提示 选择面、边缘和/或回圈。 ,鼠标移至所需边界并单击选择,如图 5-1-19 所示,弹出"选择参考面"对话框,如图 5-1-20 所示,单击 ✓ 确定。

⑦ 单击"高速曲面刀路-等距环绕"对话框 ✓ 确定,形成刀路如图 5-1-21 所示,由于切削范围被限定,刀路发生相应变化。

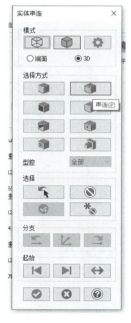

图 5-1-18

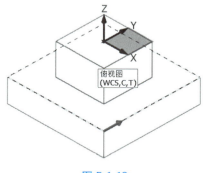

图 5-1-19

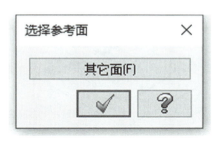

图 5-1-20

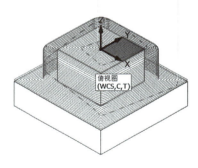

图 5-1-21

4. "等高"命令

"等高"命令为沿所选图形的轮廓创建一系列轴向切削,通常用于精加工或半精加工操作,最适合加工轮廓角度在 30°至 90°之间的图形。

① 重复步骤 3 中①操作。

② 单击"刀路"菜单"3D"模块下拉菜单中"等高"命令,如图 5-1-22 所示。

③ 设置"模型图形",框选整个实体作为"加工图形"。

④ 设置"刀具",仍然使用 φ12 平底刀。

⑤ 单击 ✓ 确定,形成刀路如图 5-1-23 所示。

⑥ 重复步骤 3 中⑥—⑦操作,设置"切削范围",形成刀路如图 5-1-24 所示。

微视频

"等高"命令

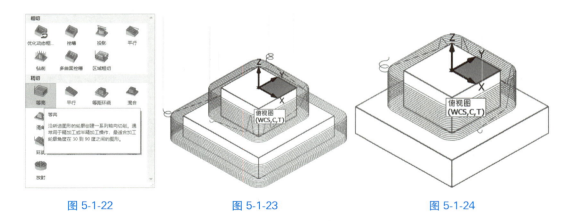

图 5-1-22　　　　　　　　图 5-1-23　　　　　　　　图 5-1-24

5. "清角"命令

微视频

"清角"命令通过沿所选图形的交叉点驱动工具来清理材料，是一种精加工策略。

① 重复步骤 3 中①操作。

② 单击"刀路"菜单"3D"模块下拉菜单中"清角"命令，如图 5-1-25 所示。

"清角"命令

图 5-1-25

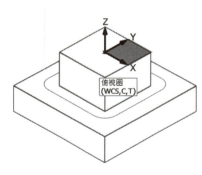

图 5-1-26

③ 设置"模型图形"，框选整个实体作为"加工图形"。

④ 设置"刀具"，仍然使用 φ12 平底刀。

⑤ 单击 ✓ 确定，形成刀路如图 5-1-26 所示。"清角"加工属于残料加工。

◆　**任务实施**

1. 新建文件

打开 Mastercam 2020，单击快捷访问栏中 ![按钮] 按钮，打开文件"5.1 花瓣状果盆型芯"，单击"文件"，选择"另存为：花瓣状果盆型芯加工"，以默认方式 ![保存类型(I)：Mastercam 文件 (*.mcam)] 保存，如图 5-1-27 所示。

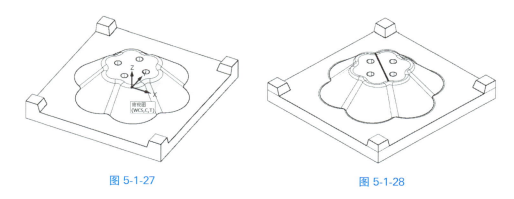

图 5-1-27　　　　　　　　　　　　　图 5-1-28

2. 移动到原点

① 单击"线框"菜单，使用"连续线"命令绘制辅助线，如图 5-1-28 所示。

② 单击"转换"菜单，单击"移动到原点"命令，根据提示 选择平移起点 ，单击辅助线中点，完成后如图 5-1-29 所示。

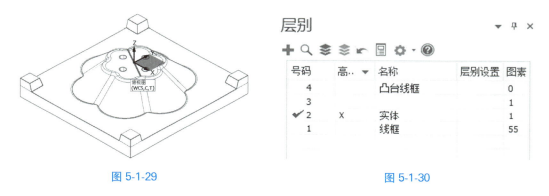

图 5-1-29　　　　　　　　　　　　图 5-1-30

③ 在"层别"管理框中，关闭所有其他层别，保留第 2 层"实体"，如图 5-1-30 所示。

3. 毛坯设定

① 单击"机床"菜单，在"铣床"下拉菜单中选择铣床类型。

② 单击"刀路"管理框中"属性""毛坯设置"。

③ 在"机床群组属性"对话框中，"毛坯设置"项最下方单击"所有实体"按钮 所有实体 ，如图 5-1-31 所示。

④ 单击 ✔ 确定，此时显示毛坯外形轮廓，如图 5-1-32 所示。

⑤ 单击"毛坯"模块中的"毛坯模型"选项，如图 5-1-33 所示。

⑥ 弹出"毛坯模型"对话框，输入"名称"，单击"所有实体"按钮 所有实体 ，如图 5-1-34 所示。

⑦ 单击 ✔ 确定，如图 5-1-35 所示。

4. 区域粗切

① 单击"3D"模块中的"区域粗切"命令。

② 设置"模型图形"，框选实体作为"加工图形"。

③ 设置"刀路控制"，选择最外侧边为切削范围，如图 5-1-36 所示。

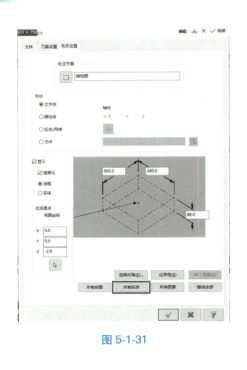

图 5-1-31

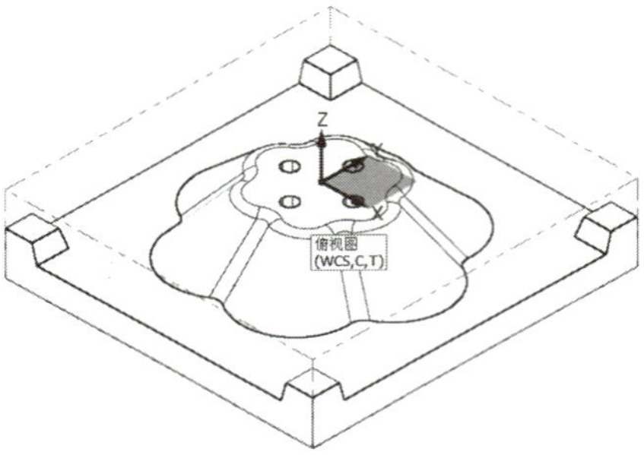

图 5-1-33

图 5-1-32

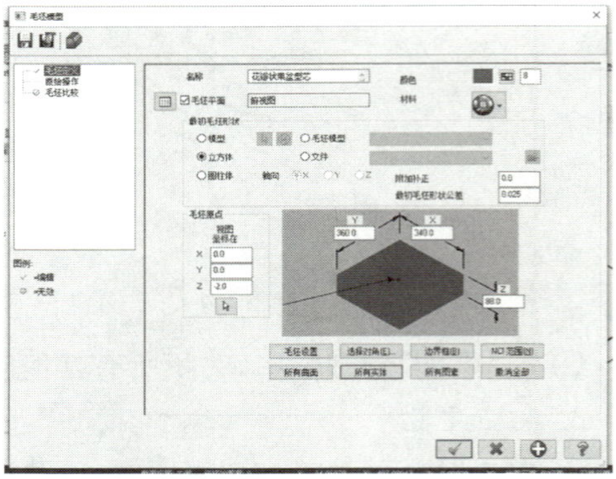

图 5-1-34

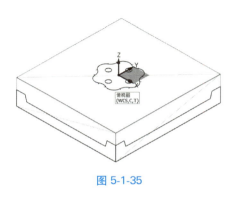

图 5-1-35

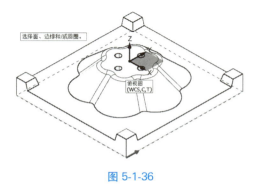

图 5-1-36

④ 设置"刀具",选择 $\phi20$ 圆鼻刀,并设置相关参数。

⑤ 设置"刀柄",勾选"碰撞检查"选项。

⑥ 设置"切削参数""深度分层切削"为 16,"切削间隙"刀具直径为 80%,如图 5-1-37 所示。

图 5-1-37

⑦ 单击 ☑ 确定,等待刀路生成,结束后单击"刀路显示"按钮 🔍,如图 5-1-38 所示,检测刀路情况,可以根据需求,修改"切削参数"和"共同参数"来改变进退刀、提刀、过程走刀,从而来提高加工效率。

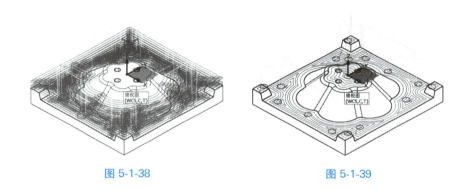

图 5-1-38　　　　　　　　　　图 5-1-39

5. 水平精切

① 单击"3D"模块中的"水平"命令。

② 设置"模型图形",框选实体作为"加工图形"。

③ 设置"刀路控制"选择最外侧边为切削范围。

④ 设置"刀具",选择 ϕ20 圆鼻刀。

⑤ 设置"切削参数",分层次数设为 1,"切削间隙"刀具直径为 80%。

⑥ 设置"圆弧过滤/公差",勾选"平滑设置选项"。

⑦ 单击 ☑ 确定,等待刀路生成,如图 5-1-39 所示。

6. 等距环绕精切

① 单击"3D"模块中"等距环绕"命令。

② 设置"模型图形""加工图形"选择凸台一周所有圆弧面及倒圆角,如图 5-1-40 所示,"避让图形"选择凸台顶面和底面,如图 5-1-41 所示。

③ 设置"刀具",选择 ϕ16 圆鼻刀。

④ 设置"切削参数"中"切削间隙"刀具直径为 80%,设置"陡斜/浅滩""检查深度",如图 5-1-42 所示。

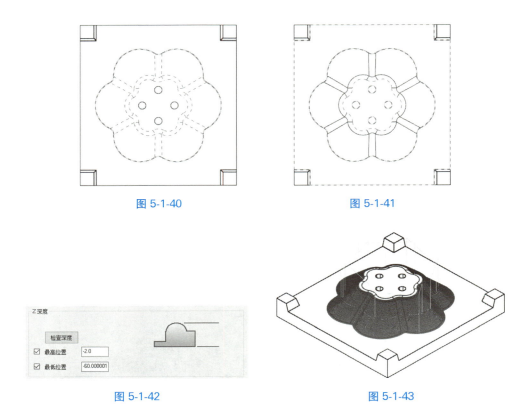

图 5-1-40 图 5-1-41

图 5-1-42 图 5-1-43

⑤ 设置"圆弧过滤/公差",勾选"平滑设置"选项。

⑥ 单击 ✓ 确定,等待刀路生成,如图 5-1-43 所示。

7. 等高精切

① 单击"3D"模块中"等高"命令。

② 设置"模型图形"中"加工图形"选择四角小凸台,如图 5-1-44 所示,"避让图形"选择凸台底面,如图 5-1-45 所示。

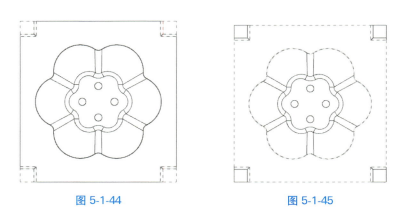

图 5-1-44 图 5-1-45

③ 设置"刀具",选择 $\phi16$ 圆鼻刀。

④ 设置"切削参数"中"深度分层切削"为 1,"切削间隙"刀具直径为 80%。

⑤ 单击 $\boxed{\checkmark}$ 确定,等待刀路生成如图 5-1-46 所示。

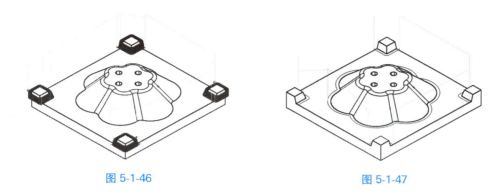

图 5-1-46　　　　　　　　　　　　图 5-1-47

8. 清角精切

① 单击"3D"模块中"清角"命令。

② 设置"模型图形",框选实体作为"加工图形"。

③ 设置"刀路控制",选择最外侧边为切削范围。

④ 设置"刀具",选择 $\phi16$ 圆鼻刀。

⑤ 设置"圆弧过滤/公差",勾选"平滑设置"选项。

⑥ 单击 $\boxed{\checkmark}$ 确定,等待刀路生成如图 5-1-47 所示。

9. 孔加工 4-$\phi16$

① 单击"2D"模块中的"钻孔"命令。

② 设置"刀具",选择 $\phi16$,83 齿长钻头。

③ 设置"切削参数",设定为"深孔啄钻"。

④ 设定"共同参数",如图 5-1-48 所示,设置"刀尖补正",勾选"刀尖补正"选项。

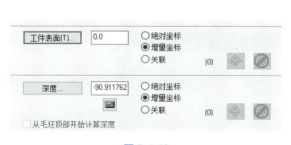

图 5-1-48　　　　　　　　　　　　

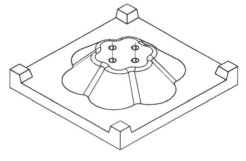

图 5-1-49

⑤ 单击 $\boxed{\checkmark}$ 确定,等待刀路生成如图 5-1-49 所示。

10. 验证

① 单击"刀路"管理框"机床群组 1",所有操作全部勾选,如图 5-1-50 所示。

② 单击"验证"命令 。

③ 验证完成后如图 5-1-51 所示,检测并完成参数修整。

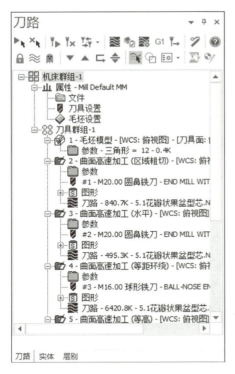

微视频

任务实施

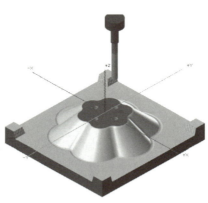

图 5-1-50   图 5-1-51

④ 验证完成后的图形明显有不应该存在的凹槽,在确定所有步骤正确的前提下,没有过切,说明没有加工到位,还有加工余量。将所有精加工部分"模型图形"中的"加工图形"预留量全部设置为 0,如图 5-1-52 所示。

图 5-1-52

◆ **思考与练习**

1. 观察精加工部分"加工图形"预留量全部设置为 0 后,再次验证的实体图形与图 5-1-51 所示的实体图形有什么区别。

2. 尝试减少命令完成加工,观察对加工效率的影响。

◆　**任务评价**

表 5-1-2　任务自我评价表

任务名称：				班级：		姓名：		
序号	评价项目	评价要求	设计参数	实际参数	完成度	是否完成	备注	是否需要帮助
1	识图	准确识别图素					识别图素数量与图形图素一致为完成	
2	绘图步骤设计	设计步骤与实际步骤是否一致	设计步骤（　）	实际步骤（　）			一致为完成	
3	用时	规定用时（　）	计划用时（　）	实际用时（　）			实际用时在规定用时内为完成	
4	图形准确性	图形尺寸检查		与原图一致性			对比标注数据,完全正确为完成	
5	合作与沟通	是否独立完成	是		否		完成所有描述,则完成该项	
			独立完成部分描述					
			是否讨论					
			讨论参与人员					
自我评价（100 字以内,描述学习到的新知与技能,需要提升或获得的帮助）：								
是否完成判定：								
							日期：	

任务 5.2　花瓣状果盆型腔的加工

◆　**任务目标**

　　通过本任务的学习,学会使用"机床"菜单"铣床"刀路"3D"模块中"粗切"下的"挖槽"命令和"精切"下的"混合""传统等高"等基本加工命令,并提高针对零件图形制订合理加工工艺步骤的能力。

◆　**任务引入**

　　根据要求,完成如图 5-2-1 所示花瓣状果盆型腔的加工。

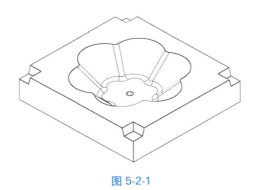

图 5-2-1

◆ **任务分析**

花瓣状果盆型腔的加工步骤见表 5-2-1。

表 5-2-1　花瓣状果盆型腔的加工步骤

1. 毛坯设定	2. 曲面粗切挖槽	3. 型腔混合加工
4. 四角传统等高加工	5. 四角传统等高加工	6. $\phi16$ 孔加工
7. 验证		

◆ **相关新知**

本任务主要介绍的是"3D"模块中"粗切"下的"挖槽"命令和"精切"下的"混合""传统等高"等命令的使用。

1. "挖槽"命令

挖槽是在指定的 Z 高度,依次逐层向下加工等高切面,直到完成零件轮廓,是一种粗切策略。

① 单击快捷访问栏中 按钮,打开文件"5.2 相关新知凹槽模型",单击"机床"菜单,单击"铣床"加工模块,如图 5-2-2 所示。

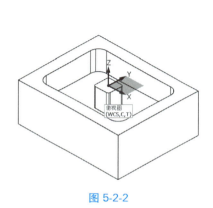

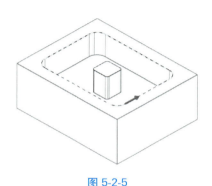

微视频

"挖槽"命令

图 5-2-2

图 5-2-3

② 单击"刀路"菜单,单击"3D"模块下拉菜单中的"挖槽"命令,如图 5-2-3 所示。

③ 根据绘图区提示,框选整个实体,单击 结束选择 按钮。

④ 弹出"刀路曲面选择"对话框,如图 5-2-4 所示,单击"切削范围" 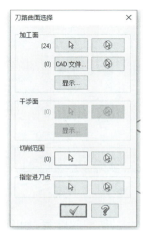 按钮。

图 5-2-4

图 5-2-5

⑤ 单击"串连实体"按钮 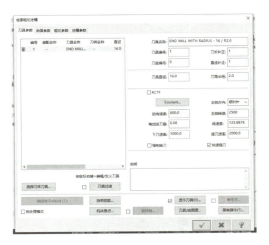，根据提示，选择串连图素，如图 5-2-5 所示，单击 ⊘ 确定。

⑥ 单击"刀路曲面选择"对话框 ☑ 确定。

⑦ 弹出"曲面粗切挖槽"对话框。

⑧ 设置"刀具参数"，选择 $\phi16$ 圆鼻刀，设置加工参数，如图 5-2-6 所示。

图 5-2-6

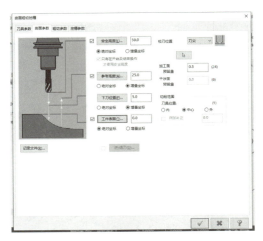

图 5-2-7

⑨ 设置"曲面参数"，单击 曲面参数 按钮，设置加工余量为 0.5，勾选"工件表面"并单击，单击凸台上表面，完成设置，如图 5-2-7 所示。

⑩ 设置"粗切参数"，单击 粗切参数 按钮，设置最大步进量、进刀选项、逆铣，如图 5-2-8 所示。

图 5-2-8

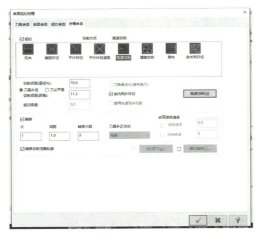

图 5-2-9

⑪ 设置"挖槽参数"，单击 挖槽参数 选项，设置切削方式、切削间隙等，如图 5-2-9 所示。

⑫ 单击 ☑ 确定，形成刀路如图 5-2-10 所示。

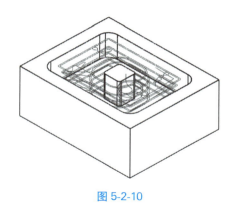

图 5-2-10

2. "混合"命令

"混合"命令是等高和环绕的组合方式,对陡峭区域进行等高,对浅滩区域进行环绕,属于精加工策略。

① 单击"刀路"菜单"3D"模块下拉菜单中的"混合"命令,如图 5-2-11 所示。

微视频

"混合"命令

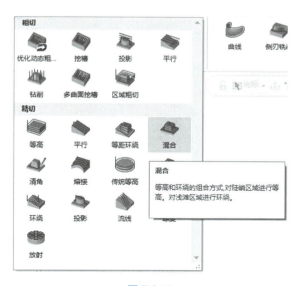

图 5-2-11

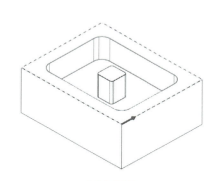

图 5-2-12

② 弹出"高速曲面刀路-混合"对话框。

③ 设置"模型图形",框选所有实体作为加工图形。

④ 设置"刀路控制",选择最外侧边为加工边界,如图 5-2-12 所示。

⑤ 设置"刀具",选择 ϕ16 平底刀,并设置参数。

⑥ 设置"切削参数","切削间隙"(刀具直径)为 55%。

⑦ 设置"圆弧过渡/公差",勾选"平滑设置"选项。

⑧ 单击 ☑ 确定,形成刀路如图 5-2-13 所示。

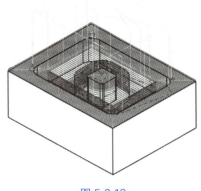

图 5-2-13

3. "传统等高"命令

传统等高是高版本 Mastercam 沿用低版本（2017 版之前）的一种等高加工策略，与 2020 版本的等高加工类似，不过等高加工是高版本优化的高速刀路等高加工策略。

微视频

"传统等高"
命令

① 将"刀路"管理框中的红色箭头 ▶ 移至"曲面粗切挖槽"加工下方，如图 5-2-14 所示。

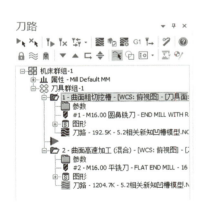

图 5-2-14

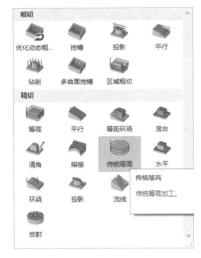

图 5-2-15

② 单击"刀路"菜单"3D"模块下拉菜单中"传统等高"命令，如图 5-2-15 所示。

③ 根据绘图区提示，框选整个实体。

④ 弹出"刀路曲面选择"对话框，设置最外侧边为"切削范围"。

⑤ 完成后弹出"曲面精修等高"对话框，如图 5-2-16 所示。

⑥ 设置"刀具参数"，选择 $\phi16$ 平底刀。

⑦ 设置"曲面参数"，"加工面预留量"为 0，勾选安全高度。

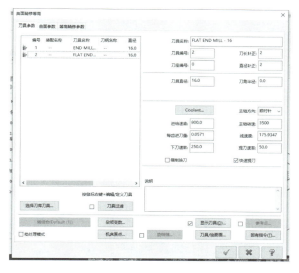

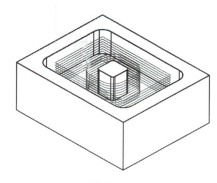

图 5-2-16　　　　　　　　　　图 5-2-17

⑧ 单击 ☑ 确定，形成刀路如图 5-2-17 所示。等高只能修整 Z 向陡峭表面。

◆ **任务实施**

1. 新建文件

打开 Mastercam 2020，单击快捷访问栏中 📂 按钮，打开文件"5.2 花瓣状果盆型腔"，单击"文件"，选择"另存为：花瓣状果盆型腔加工"，以默认方式 保存类型(T): Mastercam 文件 (*.mcam) 保存，如图 5-1-18 所示。

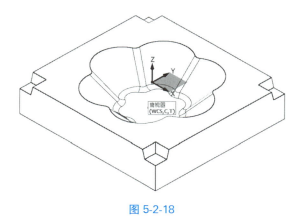

图 5-2-18

2. 毛坯设定

① 单击"机床"菜单，在"铣床"的下拉菜单中选择铣床类型。

② 单击"刀路"管理框中"属性""毛坯设置"。

③ 在"机床群组属性"对话框中，"毛坯设置"项最下方单击"所有实体"按钮 所有实体 ，如图 5-2-19 所示。

267

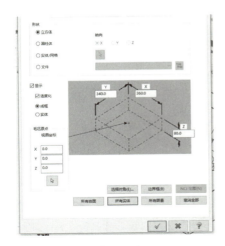

图 5-2-19

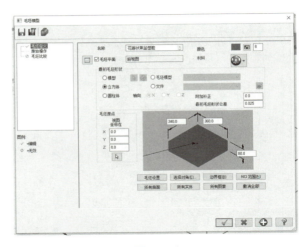

图 5-2-20

④ 单击 ▢✓ 确定。

⑤ 单击"毛坯"模块中"毛坯模型"选项,输入名称"花瓣状果盆型腔",单击"所有实体"按钮 ▢所有实体 ,如图 5-2-20 所示。

⑥ 单击 ▢✓ 确定,如图 5-2-21 所示。

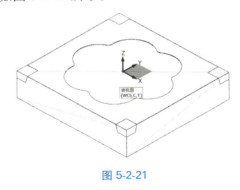

图 5-2-21

3. 曲面粗切挖槽

① 单击"3D"模块中"挖槽"命令。

② 框选实体作为"加工图形",选择最外侧边为切削范围,如图 5-2-22 所示,完成后弹出"曲面粗切挖槽"对话框。

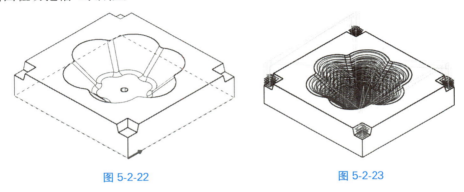

图 5-2-22　　　　　　　　　　图 5-2-23

③ 设置"刀具参数",选择 ϕ20 的圆鼻刀,并设置相关参数。

④ 设置"曲面参数",勾选安全高速,加工预留量为 0.5,工件表面勾选并单击工件上表面。

⑤ 设置"粗切参数",步进量为 6,勾选"螺旋进刀"。

⑥ 设置"挖槽参数",选择依外形环切,切削间距为 55％。

⑦ 单击 ✅ 确定,等待刀路生成,如图 5-2-23 所示。

4. 型腔混合加工

① 单击"3D"模块中"混合"命令,弹出"高速曲面刀路–混合"对话框,并设置。

② 设置"模型图形",框选型腔曲面作为"加工图形",如图 5-2-24 所示,设置预留量为 0,选择型腔上表面为"避让图形",如图 5-2-25 所示。

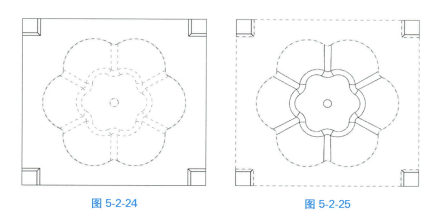

图 5-2-24　　　　　　　　　　　图 5-2-25

③ 设置"刀路控制",切削范围选择型腔大口周长,如图 5-2-26 所示。

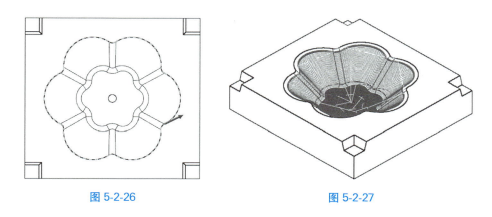

图 5-2-26　　　　　　　　　　　图 5-2-27

④ 设置"刀具",选择 ϕ16 的圆鼻刀。

⑤ 设置"切削参数"中"切削间隙"刀具直径为 55％,勾选平滑设置选项。

⑥ 设置"共同参数",选择"最小垂直提刀"。

⑦ 设置"圆弧过滤/公差",勾选"平滑设置"。

⑧ 单击 ✅ 确定,等待刀路生成,如图 5-2-27 所示。

5. 四角传统等高加工

① 单击"3D"模块中"传统等高"命令。

② 根据提示,框选四角实体平面为加工面如图 5-2-28 所示。

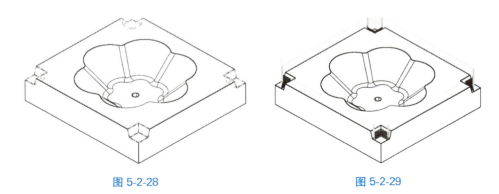

图 5-2-28　　　　　　　　　　　　图 5-2-29

③ 确定后弹出"刀路曲面"对话框,实体最外侧边设为"切削范围",型腔上表面为"干涉面"。

④ 确定后弹出"曲面精修等高"对话框。

⑤ 设置"刀具参数",ϕ16 圆鼻刀,并设置其他参数。

⑥ 设置"曲面参数",勾选安全高度,预留量为 0。

⑦ 设置"等高精修参数"为步进量 1.0。

⑧ 单击 ✔ 确定,等待刀路生成,如图 5-2-29 所示。可以看到有很多提刀刀路,这个会使加工效率降低,可以优化。传统等高加工没有办法加工底平面。

6. 四角水平加工

① 单击"3D"模块中"水平"命令,弹出"高速曲面刀路-水平"对话框并设置;

② 设置"模型图形"中"加工图形"选择四个凹角。

③ 设置"刀路控制"中"切削范围",选择实体最外侧周长。

④ 设置"刀具",选择 ϕ16 的圆鼻刀。

⑤ 设置"切削参数"中"分层次数"为 1,"切削间隙"刀具直径为 55%。

⑥ 单击 ✔ 确定,等待刀路生成,如图 5-2-30 所示。

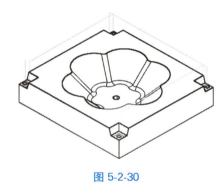

图 5-2-30

7. φ16 孔加工

① 单击"2D"模块中的"钻孔"命令。

② 设置"刀具",刀具选择 φ16,83 齿长钻头。

③ 设置"共同参数",如图 5-2-31 所示,设置"刀尖补正",勾选"刀尖补正"。

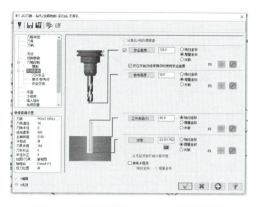

图 5-2-31

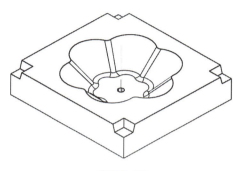

图 5-2-32

④ 单击 ☑ 确定,等待刀路生成,如图 5-2-32 所示。

8. 验证

① 单击"刀路"管理框"机床群组 1",所有操作全部勾选,如图 5-2-33 所示。

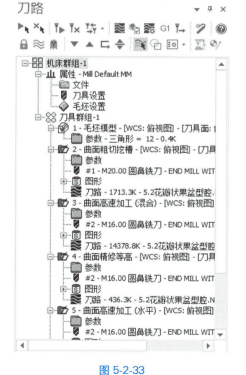

图 5-2-33

微视频

任务实施

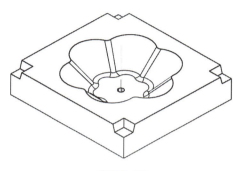

图 5-2-34

② 单击"验证"命令 🖱️。

③ 验证完成后如图 5-2-34 所示,检测并完成参数修整。

④ 验证完成后的图形明显有过多的抬刀,非常影响加工效率。凹槽的表面质量很差,这些都可以优化。

◆ **思考与练习**

尝试变化不同加工表面和刀具等参数来优化抬刀和表面质量。

◆ **任务评价**

表 5-2-2　任务自我评价表

任务名称:				班级:		姓名:		
序号	评价项目	评价要求	设计参数	实际参数	完成度	是否完成	备注	是否需要帮助
1	识图	准确识别图素					识别图素数量与图形图素一致为完成	
2	绘图步骤设计	设计步骤与实际步骤是否一致	设计步骤（ ）	实际步骤（ ）			一致为完成	
3	用时	规定用时（ ）	计划用时（ ）	实际用时（ ）			实际用时在规定时内为完成	
4	图形准确性	图形尺寸检查		与原图一致性			对比标注数据,完全正确为完成	
5	合作与沟通	是否独立完成	是		否		完成所有描述,则完成该项	
			独立完成部分描述					
			是否讨论					
			讨论参与人员					
自我评价(100字以内,描述学习到的新知与技能,需要提升或获得的帮助):								
是否完成判定:								
							日期:	

任务 5.3　MP3 面盖型芯的加工

◆　**任务目标**

通过本任务的学习,学会使用"机床"菜单"铣床"刀路"3D"模块中"粗切"下的"平行"命令和"精切"下的"环绕""投影"等基本加工命令,并提高针对零件图形制订合理加工工艺步骤的能力。

◆　**任务引入**

根据要求,完成如图 5-3-1 所示 MP3 面盖型芯的加工。

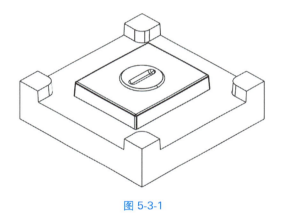

图 5-3-1

◆　**任务分析**

MP3 面盖型芯的加工步骤见表 5-3-1。

表 5-3-1　MP3 面盖型芯的加工步骤

1. 移动到原点	2. 毛坯设定	3. 粗切平行加工
俯视图(WCS,C,T)		

续　表

4. 环绕精切	5. 精切投影加工	6. 验证

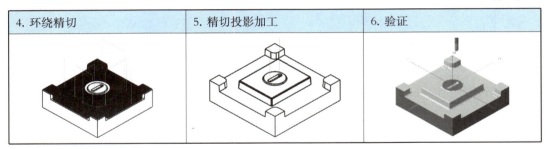

◆　**相关新知**

本任务主要介绍的是"3D"模块中"粗切"下的"平行"命令和"精切"下的"环绕""投影"等命令的使用。

1. "平行"命令

"平行"命令是在指定角度与刀具平面使用固定 Z 深度切削快速移除毛坯的一种粗切策略,在精切里同样有"平行"命令。

① 快捷访问栏中 📂 按钮,打开文件"5.3 相关新知矮凸台模型",单击"机床"菜单,单击"铣床"加工模块,如图 5-3-2 所示。

微视频

"平行"命令

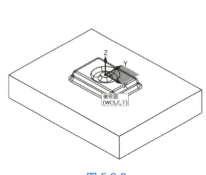

图 5-3-2

图 5-3-3

② 单击"刀路"菜单,单击"3D"模块下拉菜单中"平行"命令,如图 5-3-3 所示。

③ 弹出"选择工件形状"对话框,单击"凸",如图 5-3-4 所示。

图 5-3-4

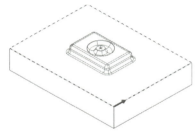

图 5-3-5

④ 单击 ☑ 确定，根据系统提示框选整个实体，单击 ⊘结束选择 按钮，弹出"刀路曲面选择"对话框，单击"切削范围"，选择实体最外侧周长，如图 5-3-5 所示，单击 ☑ 确定。

⑤ 弹出"曲面粗切平行"对话框。

⑥ 设置"刀具参数"，选择 ϕ20 圆鼻刀，如图 5-3-6 所示。

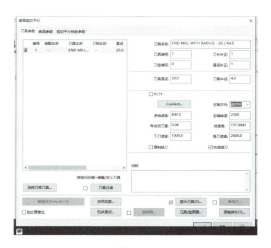

图 5-3-6

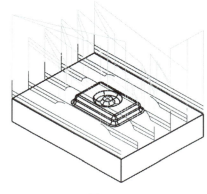

图 5-3-7

⑦ 设置"曲面参数"，预留量为 0.5。

⑧ 设置"粗切平行铣削参数"，最大切削间距为 12，步进量为 4。

⑨ 单击 ☑ 确定，形成刀路如图 5-3-7 所示。

2. "环绕"命令

"环绕"命令是使用固定步进量加工模型的一种精切策略。

① 单击"刀路"菜单"3D"模块下拉菜单中"环绕"命令，如图 5-3-8 所示。

微视频

"环绕"命令

图 5-3-8

图 5-3-9

275

② 弹出"高速曲面刀路-环绕"对话框。

③ 设置"模型图形",框选整个实体作为"加工图形",并设置预留量为 0,如图 5-3-9 所示。

④ 设置"刀路控制"中"切削范围"选择实体最外侧周长。

⑤ 设置"刀具",选择 $\phi16$ 圆鼻刀,并设置好相关参数。

⑥ 设置"切削参数"中"切削间隙"刀具间隙为 55%。

⑦ 设置"圆弧过滤/公差",勾选平滑设置。

⑧ 单击 ✔ 确定,形成刀路如图 5-3-10 所示。

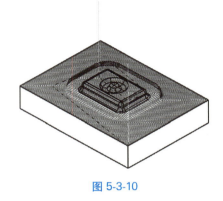

图 5-3-10

3. "投影"命令

微视频

"投影"命令

投影加工是通过将选定图形或现有刀路投影到加工区域来创建刀路的切削策略。在使用投影命令之前需要将投影对象预先设置在指定位置。例如:本任务要在小凸台凹槽中心圆线上绘制一个 $\phi10$ 的圆环。粗/精切加工中均提供了投影加工策略。

① 绘制一个 $\phi10$ 的圆,圆心坐标(0,0),如图 5-3-11 所示。

图 5-3-11

图 5-3-12

② 单击"刀路"菜单"3D"模块下拉菜单中"投影"命令,如图 5-3-12 所示。

③ 弹出"高速曲面刀路–投影"对话框。

④ 设置"模型图形",选择小凸台圆环面为加工图形,如图 5-3-13 所示。

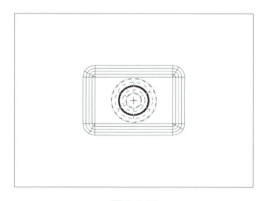

图 5-3-13

图 5-3-14

⑤ 设置"刀路控制",单击"曲线"　[▷]　按钮,如图 5-3-14,弹出"线框串连"对话框,单击 $\phi10$ 的圆,如图 5-3-15 所示。

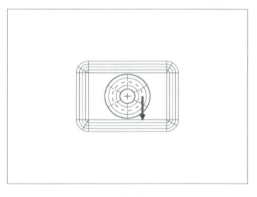

图 5-3-15

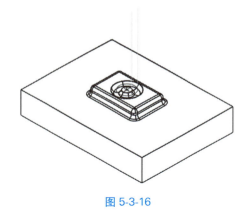

图 5-3-16

⑥ 设置"刀具",选择 $\phi5$ 的球头刀。

⑦ 设置"切削参数",切削次数为 1,投影方式选择曲线。

⑧ 单击　[✓]　确定,形成刀路如图 5-3-16 所示。

◆ **任务实施**

1. 新建文件

打开 Mastercam 2020,单击快捷访问栏中 📁 按钮,打开文件"5.3MP3 面盖型芯",单击"文件"菜单,选择"另存为:MP3 面盖型芯加工",以默认方式 保存类型(T): Mastercam 文件 (*.mcam) 保存,如图 5-3-17 所示。

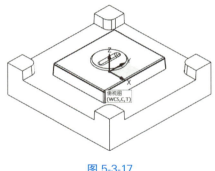

图 5-3-17

2. 移动到原点

单击"转换"菜单,单击"移动到原点"命令,根据提示 选择平移起点 ,单击小凸台中点,如图 5-3-18 所示,完成移动后如图 5-3-19 所示。

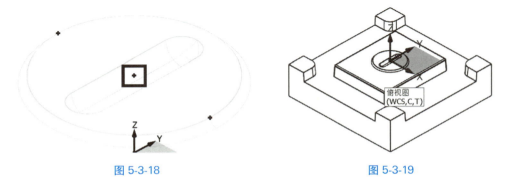

图 5-3-18　　　　　　　　　　　　　　图 5-3-19

3. 毛坯设定

① 单击"机床"菜单,在铣床的下拉菜单中选择铣床类型。

② 单击"刀路"管理框中"属性""毛坯设置"。

③ 在"机床群组属性"对话框中,"毛坯设置"项最下方单击"所有实体"按钮 所有实体 ,单击 ✔ 确定。

④ 单击"毛坯"模块中的"毛坯模型"选项。

⑤ 弹出"毛坯模型"对话框,输入"名称"为 MP3 面盖型芯,单击"所有实体"按钮 所有实体 ,单击 ✔ 确定,如图 5-3-20 所示。

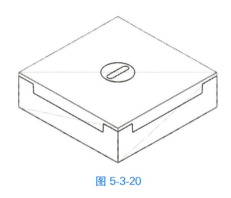

图 5-3-20

4. 粗切平行加工

① 单击"3D"模块下的粗切"平行"命令。

② 选择工件形状选择未定义，单击 ☑ 确定，根据提示，框选实体，单击 (结束选择) 按钮；刀路曲面选择，切削范围选择实体最外围周长，如图 5-3-21 所示，单击 ☑ 确定。

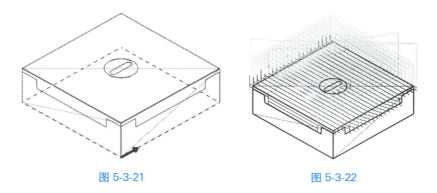

图 5-3-21　　　　　　　　　　　　图 5-3-22

③ 弹出"曲面粗切平行"对话框。

④ 设置"刀具参数"，选用 ϕ8 圆鼻刀，设置参数。

⑤ 设置"曲面参数"，安全高度勾选，预留量为 0.5，刀具位置勾选外。

⑥ 设置"粗切平面铣削参数"，最大切削间距为 5，步进量为 4，下刀控制勾选"切削路径允许多次切入"，勾选"允许下降（-Z）和允许上升（+Z）"。

⑦ 单击 ☑ 确定，等待刀路生成，如图 5-3-22 所示。

5. 环绕精切

① 单击"3D"模块下的"环绕"命令。

② 设置"模型图形"，框选实体作为"加工图形"，并设置预留量为 0。

③ 设置"刀路控制"，选择实体最外侧周长为切削范围。

④ 设置"刀具"，选用 ϕ8 圆鼻刀。

⑤ 设置"切削参数"中"切削间隙"刀具直径为 55%。

⑥ 设置"圆弧过滤/公差"，勾选"平滑设置"选项。

⑦ 单击 ☑ 确定，等待刀路生成，如图 5-3-23 所示。

图 5-3-23

6. 精切投影加工

① 使用线框直线命令绘制凸台凹槽中心线,如图 5-3-24 所示。

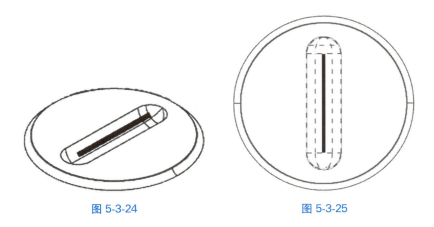

图 5-3-24　　　　　　　　　　　　图 5-3-25

② 单击"刀路"菜单,单击"3D"模块中"投影"命令,弹出"高速曲面刀路-投影"对话框。

③ 设置"模型图形",选择凸台凹槽面为"加工图形",如图 5-3-25 所示,并设置预留量为 0。

④ 设置"刀路控制",曲线选择绘制的直线,如图 5-3-26 所示。

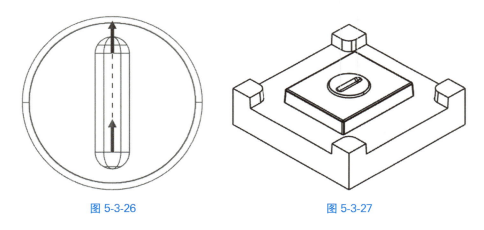

图 5-3-26　　　　　　　　　　　　图 5-3-27

⑤ 设置"刀具",选择 ϕ5 球头刀。

⑥ 设置"切削参数",切削次数为 1,投影方式选择曲线。

⑦ 单击 ✔ 确定,等待刀路生成,如图 5-3-27 所示。

7. 验证

① 单击"刀路"管理框"机床群组 1",所有操作全部勾选。

② 单击"验证"命令 🖱。

③ 验证完成后如图 5-3-28 所示,检测并完成参数修整。

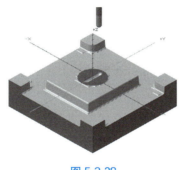

微视频

任务实施

图 5-3-28

④ 验证完成后的图形在所有角落位置有未清除的余料，需要进行一次清角加工，进行优化。

◆ **思考与练习**

尝试使用清角加工去除角落余料，或者使用其他加工方式优化此工艺。

◆ **任务评价**

表 5-3-2　任务自我评价表

任务名称：			班级：			姓名：		
序号	评价项目	评价要求	设计参数	实际参数	完成度	是否完成	备注	是否需要帮助
1	识图	准确识别图素					识别图素数量与图形图素一致为完成	
2	绘图步骤设计	设计步骤与实际步骤是否一致	设计步骤（　）	实际步骤（　）			一致为完成	
3	用时	规定用时（　）	计划用时（　）	实际用时（　）			实际用时在规定用时内为完成	
4	图形准确性	图形尺寸检查		与原图一致性			对比标注数据，完全正确为完成	
5	合作与沟通	是否独立完成	是		否		完成所有描述，则完成该项	
			独立完成部分描述					
			是否讨论					
			讨论参与人员					
自我评价（100 字以内，描述学习到的新知与技能，需要提升或获得的帮助）：								
是否完成判定：								
							日期：	

任务 *5.4* MP3 面盖型腔的加工

◆ **任务目标**

通过本任务的学习,学会使用"机床"菜单"铣床"刀路"3D"模块中"粗切"下的"多曲面挖槽"基本加工命令,并提升针对零件图形制订合理加工工艺步骤的能力。

◆ **任务引入**

根据要求,完成如图 5-4-1 所示 MP3 面盖型腔的加工。

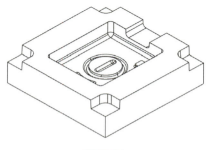

图 5-4-1

◆ **任务分析**

MP3 面盖型腔的加工步骤见表 5-4-1。

表 5-4-1　MP3 面盖型腔的加工步骤

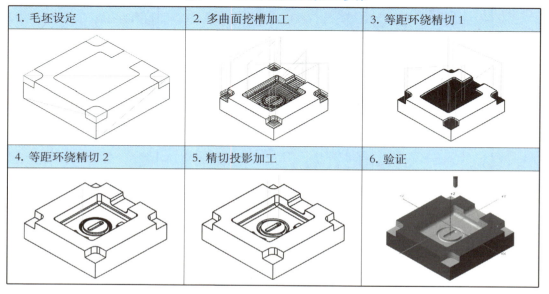

1. 毛坯设定	2. 多曲面挖槽加工	3. 等距环绕精切 1
4. 等距环绕精切 2	5. 精切投影加工	6. 验证

◆　**相关新知**

本任务主要介绍的是"3D"模块中"粗切"下"多曲面挖槽"命令的使用。

"多曲面挖槽"命令是在指定的 Z 高度一个切面一个切面,依次逐层向下加工等高切面,直到零件轮廓的粗切策略。

① 快捷访问栏中 📂 按钮,打开文件"5.2 相关新知凹槽模型",单击"机床"菜单,单击"铣床"加工模块。

② 单击"刀路"菜单,单击"3D"模块下拉菜单中"多曲面挖槽"命令,如图 5-4-2 所示。

微视频

"多曲面挖槽"命令

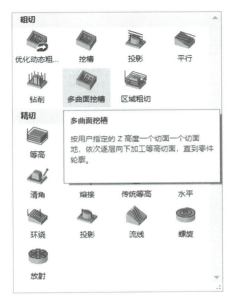

图 5-4-2

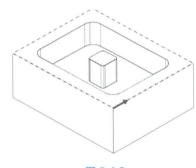

图 5-4-3

③ 根据系统提示,框选整个实体,单击 (结束选择) 按钮,弹出"刀路曲面选择",单击"切削范围" [▸] 按钮,选择实体最外侧周长,如图 5-4-3 所示,单击 [✓] 确定。

④ 弹出"多曲面挖槽粗切"对话框。

⑤ 设置"刀具参数",选择 $\phi20$ 圆鼻刀,设置参数,如图 5-4-4 所示。

⑥ 设置"曲面参数",勾选安全高度,预留量为 0.5,单击"工件表面"选择凹槽上表面。

⑦ 设置"粗切参数",步进量为 6,单击螺旋进刀。

⑧ 设置"挖槽参数",切削间距为 70%,单击精修选项 ☑**精修**,点选精修切削边界范围选项。

⑨ 单击 [✓] 确定,形成刀路如图 5-4-5 所示。

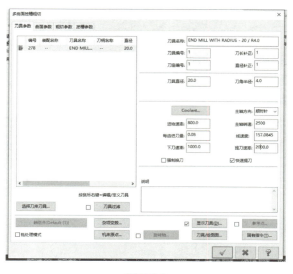
图 5-4-4

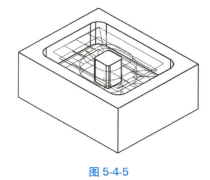
图 5-4-5

◆　**任务实施**

1. 新建文件

打开 Mastercam 2020，单击快捷访问栏中 ![按钮] 按钮，打开文件"5.4MP3 面盖型腔"，单击"文件"菜单，选择"另存为：MP3 面盖型腔加工"，以默认方式 保存类型(T)： Mastercam 文件 (*.mcam) 保存，如图 5-4-6 所示。

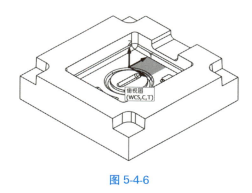
图 5-4-6

2. 毛坯设定

① 单击"机床"菜单，在铣床的下拉菜单中选择铣床类型。

② 单击"刀路"管理框中"属性""毛坯设置"。

③ 在"机床群组属性"对话框中，"毛坯设置"项最下方单击"所有实体"按钮 所有实体 ，单击 ✓ 确定。

④ 单击"毛坯"模块中的"毛坯模型"选项。

⑤ 弹出"毛坯模型"对话框，输入"名称"为 MP3 面盖型腔。单击"所有实体"按钮 所有实体 ，单击 ✓ 确定，如图 5-4-7 所示。

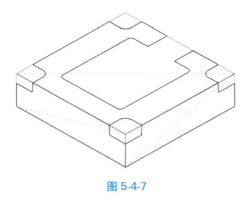

图 5-4-7

3. 多曲面挖槽加工

① 单击"3D"模块中"多曲面挖槽"命令。

② 根据提示框选整个实体，单击 ⊘结束选择 按钮，弹出"刀路曲面选择"对话框，单击"切削范围" ⧉ 按钮，选择实体最外侧周长，如图 5-4-8 所示，单击 ✓ 确定。

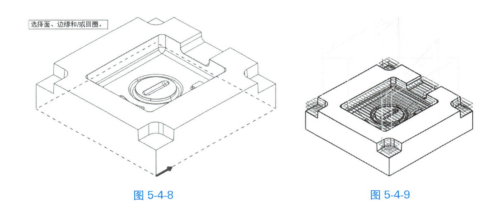

图 5-4-8　　　　　　　　　图 5-4-9

③ 弹出"多曲面挖槽粗切"对话框。

④ 设置"刀具参数"，选择 $\phi 6$ 圆鼻刀，设置参数。

⑤ 设置"曲面参数"，安全高度勾选，预留量为 0.5，单击工件表面选择型腔上表面。

⑥ 设置"粗切参数"，步进量为 4，单击螺旋进刀选项。

⑦ 设置"挖槽参数"，切削间距为 55%，单击精修选项，点选精修切削边界范围选项。

⑧ 单击 ✓ 确定，等待刀路生成，如图 5-4-9 所示。

4. 等距环绕精切

① 单击"3D"模块中的"等距环绕"命令。

② 弹出"高速曲面刀路-等距环绕"对话框。

③ 设置"模型图形"，框选实体作为"加工图形"，并设置预留量为 0，单击型腔上表面为"避让图形"，如图 5-4-10 所示。

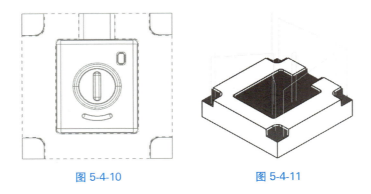

图 5-4-10   图 5-4-11

④ 设置"刀路控制",选择实体最外侧周长为切削范围。

⑤ 设置"刀具",选择 $\phi 4$ 圆鼻刀,并设置参数。

⑥ 设置"切削参数",切削间隙 50%。

⑦ 设置"圆弧过滤/公差",勾选"平滑设置"选项。

⑧ 单击 ✓ 确定,等待刀路生成,如图 5-4-11 所示。

⑨ 鼠标右击刀路 3"曲面高速加工(等距环绕)"文件夹,单击复制,如图 5-4-12 所示。

⑩ 在"刀路"管理框下方空白处右击选择"粘贴",生成刀路 4"曲面高速加工(等距环绕)"文件夹,如图 5-4-13 所示。

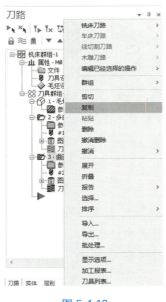

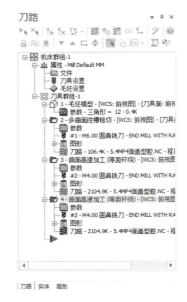

图 5-4-12   图 5-4-13

⑪ 点击刀路 4"参数"选项,弹出"高速曲面刀路-等距环绕"对话框,修改对话框内参数。

⑫ 在"模型图形"中"加工图形"框内,右击选择撤销全部图素,如图 5-4-14 所示,"避让图形"框内同样撤销全部图素;重新选择"加工图形",如图 5-4-15 所示,选择"避让图

形",如图 5-4-16 所示。

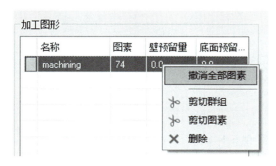

图 5-4-14

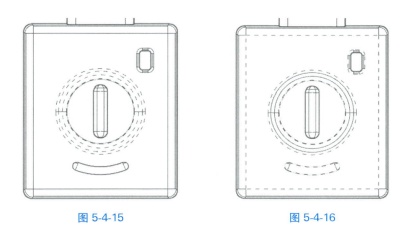

图 5-4-15　　　　　　　　　图 5-4-16

⑬ 设置"刀具",选择 ϕ3 球头刀,并设置参数。

⑭ 单击 ✓ 确定,单击"刀路"管理框"重新生成"按钮 ，等待刀路生成,如图 5-4-17 所示。

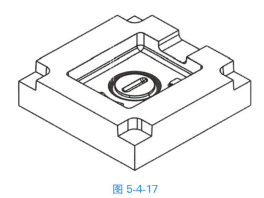

图 5-4-17

5. 精切投影加工

① 使用"直线"命令绘制凹槽中心线,如图 5-4-18 所示。

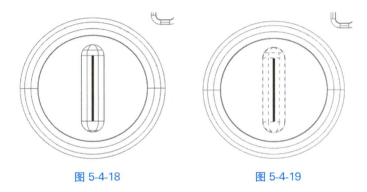

图 5-4-18　　　　　　　　　　图 5-4-19

② 单击"刀路"菜单,单击"3D"模块中的"投影"命令,弹出"高速曲面刀路-投影"对话框。

③ 设置"模型图形",选择凸台凹槽面为"加工图形",如图 5-4-19 所示,并设置预留量为 0。

④ 设置"刀路控制",曲线选择绘制的直线,如图 5-4-20 所示。

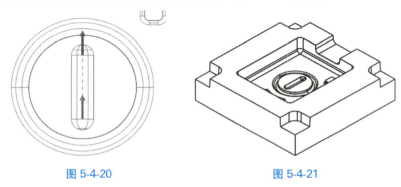

图 5-4-20　　　　　　　　　　图 5-4-21

⑤ 设置"刀具",选择 $\phi5$ 球头刀。

⑥ 设置"切削参数",切削次数为 1,投影方式选择曲线。

⑦ 单击 ▣✔ 确定,等待刀路生成,如图 5-4-21 所示。

6. 验证

① 单击"刀路"管理框"机床群组 1",所有操作全部勾选。

② 单击"验证"命令 ▣。

③ 验证完成后如图 5-4-22 所示,检测并完成参数修整。

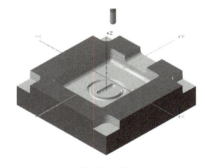

图 5-4-22

微视频

任务实施

④ 验证完成后的图形在型腔 Z 向内壁上粗糙度很高,可以进行优化。

◆　**思考与练习**

尝试再使用等高来加工 Z 向内壁,比较两种情况,并使用其他加工方式优化此工艺。

◆　**任务评价**

表 5-4-2　任务自我评价表

任务名称:			班级:			姓名:		
序号	评价项目	评价要求	设计参数	实际参数	完成度	是否完成	备注	是否需要帮助
1	识图	准确识别图素					识别图素数量与图形图素一致为完成	
2	绘图步骤设计	设计步骤与实际步骤是否一致	设计步骤（　）	实际步骤（　）			一致为完成	
3	用时	规定用时（　）	计划用时（　）	实际用时（　）			实际用时在规定时内为完成	
4	图形准确性	图形尺寸检查		与原图一致性			对比标注数据,完全正确为完成	
5	合作与沟通	是否独立完成	是		否		完成所有描述,则完成该项	
			独立完成部分描述					
			是否讨论					
			讨论参与人员					

自我评价(100 字以内,描述学习到的新知与技能,需要提升或获得的帮助):

是否完成判定:

日期:

任务5.5　硬币盒后背盖型芯的加工

◆　**任务目标**

通过本任务的学习,学会使用"机床"菜单"铣床"刀路"3D"模块中"粗切"下的"优化动态粗切"基本加工命令,并提升针对零件图形制订合理加工工艺步骤的能力。

◆　**任务引入**

根据要求,完成如图 5-5-1 所示硬币盒后背盖型芯的加工。

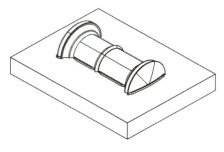

图 5-5-1

◆　**任务分析**

硬币盒后背盖型芯工步骤见表 5-5-1。

表 5-5-1　硬币盒后背盖型芯的加工步骤

1. 移动到原点	2. 毛坯设定	3. 优化动态粗切
4. 等距环绕精切	5. 水平加工	6. 清角加工
7. 验证		

◆ **相关新知**

本任务主要介绍的是"3D"模块中"粗切"下的"优化动态粗切"命令的使用。

优化动态粗切是一种完全利用刀具刃长进行切削,快速移除材料的粗切策略。

① 快捷访问栏中 按钮,打开文件"5.3 相关新知矮凸台模型",单击"机床"菜单,单击"铣床"加工模块。

② 单击"刀路"菜单,单击"3D"模块下拉菜单中"优化动态粗切"命令,如图 5-5-2 所示。

微视频

"优化动态
粗切"命令

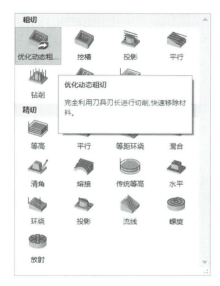

图 5-5-2

图 5-5-3

③ 弹出"高速曲面刀路–优化动态粗切"对话框。

④ 设置"模型图形",框选整个实体作为"加工图形",如图 5-5-3 所示。

⑤ 设置"刀路控制",切削范围选择最外侧周长,如图 5-5-4 所示。

⑥ 设置"刀具",选择 $\phi 8$ 圆鼻刀,并设置好参数。

⑦ 设置"切削参数",切削间距为 50%,分层深度为 50%,允许间隙为 50%。

⑧ 设置"圆弧过滤/公差",勾选"平滑设置"选项。

⑨ 单击 ✓ 确定,形成刀路如图 5-5-5 所示。优化动态粗切通过刀具及工件表面的状态,最优化快速切除余量。

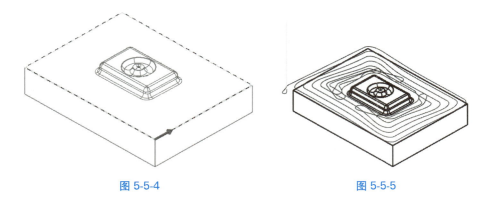

图 5-5-4　　　　　　　　　　　　　　　图 5-5-5

◆　**任务实施**

1. 新建文件

打开 Mastercam 2020，单击快捷访问栏中 📂 按钮，打开文件"5.5 硬币盒后背盖型芯"，单击"文件"菜单，选择"另存为：硬币盒后背盖型芯加工"，以默认方式 保存类型(T)：Mastercam 文件 (*.mcam) 保存，如图 5-5-6 所示。

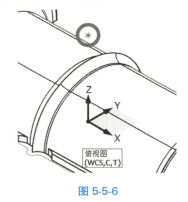

图 5-5-6

2. 移动到原点

根据图形分析，凸模的最高点坐标为 $Z = 27.565$，在 $Z = 28$ 的俯视图平面画一个点，坐标$(0，0)$，如图 5-5-6 所示，单击"转换"菜单，单击"移动到原点"命令，根据提示 选择平移起点，单击 $Z = 28$ 平面的点，完成移动后如图 5-5-7 所示。

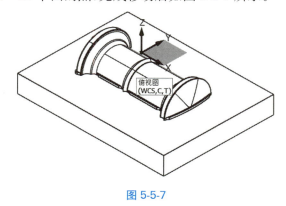

图 5-5-7

3. 毛坯设定

① 单击"机床"菜单，在铣床的下拉菜单中选择铣床类型。

② 单击"刀路"管理框中"属性""毛坯设置"。

③ 在"机床群组属性"对话框中，"毛坯设置"项最下方单击"所有实体"按钮
所有实体 ，单击 ✔ 确定。

④ 单击"毛坯"模块中的"毛坯模型"选项。

⑤ 弹出"毛坯模型"对话框，输入"名称"为硬币盒后背盖型芯。单击"所有实体"按钮
所有实体 ，输入 Z 为 0，单击 ✔ 确定，如图 5-5-8 所示。

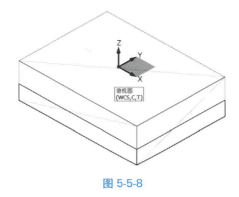

图 5-5-8

4. 优化动态粗切

① 单击"3D"模块中"粗切"下的"优化动态粗切"命令。

② 设置"模型图形"，框选整个实体为"加工图形"，选择分型面为"避让图形"，如图 5-5-9 所示。

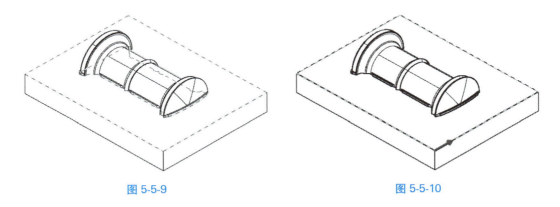

图 5-5-9　　　　　　　　　　　　　　　　图 5-5-10

③ 设置"刀路控制"，选择实体最外侧周长为切削范围，如图 5-5-10 所示。

④ 设置"刀具"，选择 $\phi 10$ 圆鼻刀，并设定参数。

⑤ 设置"切削参数"，允许间隙大小为 80%。

⑥ 设置"圆弧过滤/公差"，勾选"平滑设置"选项。

⑦ 单击 ✔ 确定，等待刀路生成，如图 5-5-11 所示。

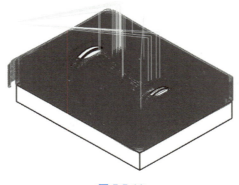

图 5-5-11

5. 等距环绕精切

① 单击"3D"模块中的"等距环绕"命令。

② 弹出"高速曲面刀路-等距环绕"对话框。

③ 设置"模型图形",框选实体作为"加工图形",并设置预留量为 0,选择分型面为"避让图形"。

④ 设置"刀路控制",选择实体最外侧周长为切削范围。

⑤ 设置"刀具",选择 $\phi 5$ 圆鼻刀,并设置参数。

⑥ 设置"切削参数",切削间隙为 50%。

⑦ 设置"圆弧过滤/公差",勾选"平滑设置"选项。

⑧ 单击 ✔ 确定,等待刀路生成,如图 5-5-12 所示。

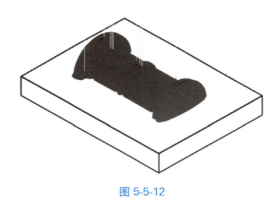

图 5-5-12

6. 水平加工

① 单击"刀路"菜单,单击"3D"模块中"水平"命令,弹出"高速曲面刀路-水平"对话框。

② 设置"模型图形",选择分型面为"加工图形",并设置预留量为 0,选择所有型芯曲面为"避让图形",如图 5-5-13 所示。

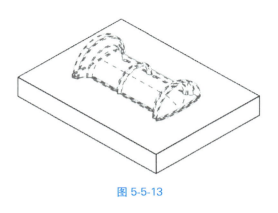

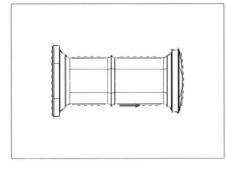

图 5-5-13 　　　　　　　　　　　图 5-5-14

③ 设置"刀路控制",选择实体最外侧周长和型芯曲面外形(图 5-5-14)为"切削范围"。

④ 设置"刀具",选择 $\phi 5$ 平底刀,并设置参数。

⑤ 设置"切削参数",分层次数为 1,切削间隙为 50%。

⑥ 单击 ☑ 确定,等待刀路生成,如图 5-5-15 所示。

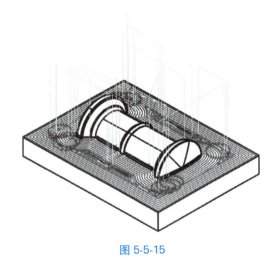

图 5-5-15

7. 清角加工

① 点选"3D"模块中"清角"命令,弹出"高速曲面刀路-清角"对话框。

② 设置"模型图形",框选实体作为"加工图形",并设置预留为 0。

③ 设置"刀路控制",选择最外侧边为切削范围。

④ 设置"刀具", $\phi 5$ 平底刀。

⑤ 设置"切削参数",切削间隙为 50%。

⑥ 设置"圆弧过渡/公差",勾选平滑设置选项。

⑦ 单击 ☑ 确定,等待刀路生成,如图 5-5-16 所示。

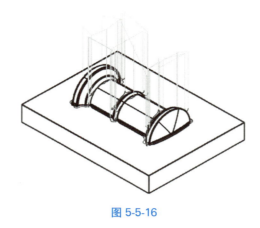

图 5-5-16

8. 验证

① 单击"刀路"管理框"机床群组 1"，所有操作全部勾选。

② 单击"验证"命令 。

③ 验证完成后如图 5-5-17 所示，检测并完成参数修整。

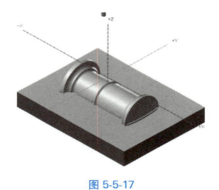

微视频

任务实施

图 5-5-17

④ 验证完成后的图形在型腔 Z 向内壁上粗糙度很高，可以进行优化。

◆　思考与练习

尝试完成如图 5-5-18 所示硬币盒后背盖型腔的加工刀路。

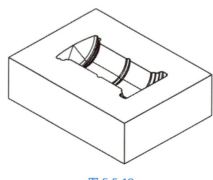

图 5-5-18

◆ **任务评价**

表 5-5-2　任务自我评价表

任务名称：				班级：		姓名：		
序号	评价项目	评价要求	设计参数	实际参数	完成度	是否完成	备注	是否需要帮助
1	识图	准确识别图素					识别图素数量与图形图素一致为完成	
2	绘图步骤设计	设计步骤与实际步骤是否一致	设计步骤（　）	实际步骤（　）			一致为完成	
3	用时	规定用时（　）	计划用时（　）	实际用时（　）			实际用时在规定用时内为完成	
4	图形准确性	图形尺寸检查		与原图一致性			对比标注数据，完全正确为完成	
5	合作与沟通	是否独立完成	是		否		完成所有描述，则完成该项	
			独立完成部分描述					
			是否讨论					
			讨论参与人员					

自我评价（100 字以内，描述学习到的新知与技能，需要提升或获得的帮助）：

是否完成判定：

日期：

主要参考文献

［1］陈为国,陈昊.图解 Mastercam 2017 数控加工编程基础教程［M］.北京:机械工业出版社,2018.

［2］周敏,洪展钦.Mastercam 2017 数控加工自动编程经典实例第 4 版［M］.北京:机械工业出版社,2020.

［3］屈永生.Mastercam 2019 基础教程［M］.北京:机械工业出版社,2022.

［4］张云杰,郝利剑.Mastercam 2019 中文版完全学习手册(微课精编版)［M］.北京:清华大学出版社,2020.

［5］毛志江,张萍,池保忠.Mastercam 应用项目训练教程［M］.北京:高等教育出版社,2015.

［6］唐建成.机械制图及 CAD 基础［M］.北京:北京理工大学出版社,2017.